ナゾとき「進化論」

クイズで読みとく生物のふしぎ

ゆるふわ生物学 著

国立科学博物館
日本学術振興会特別研究員 三上智之 編

火種 まんが・イラスト

JN027795

KADOKAWA

はじめに

　こんにちは、「ゆるふわ生物学」です！　ゆるふわ生物学は、現役の研究者や国際生物学オリンピックのメダリストからなるグループで、生物学のおもしろさを伝えることをめざして、YouTubeなどで発信しています。

　わたしたちの身のまわりの生物はすべて、約40億年かけて進化してきたものです。この本では、生物と、その進化について、クイズに挑戦しながら学びます。むずかしいところもあると思いますが、そうしたところはいったん飛ばして、まずは楽しんでください。進化は、わたしたち人間には想像もできないほど長い時間をかけて起こるので、誤解されることも少なくありません。コラム（ COLUMN ）にはそうした誤解をとくための説明も盛りこみました。この本を読んだあと、進化の視点から身のまわりをながめてみると、これまでとはちがって見えるようになるかもしれません。

　それではいっしょに、生物たちの進化の世界へ出かけましょう！

メンバー紹介

みかみん

　博物館が大好きすぎて、いつのまにか国立科学博物館で研究していた。

　専門は化石で、つくえの上はいつもナゾの石でいっぱい。

まろんさん

　脊椎動物とゲームが大好きな脊椎動物（ヒト）。とくにヘビにくわしい。国際生物学オリンピックと国際化学オリンピック両方のメダリストだったりする。

わけわかめ

　いつもはほわほわなお姉さんだが、本気モードになると意外とするどいことを言う。
　専門は農作物の品種改良。東京大学の大学院で博士号をとっている。

ロッキー

　気になる植物を見かけると、ところかまわずはいつくばって観察をはじめる。東京大学・小石川植物園で研究していると思いきや、気がつくと植物をさがして世界中を飛びまわっている。

さこっち

　カエルが大好きすぎて、いつもカエルをさがしてまわっている。カエル図鑑まで書いたのに、カエルとまったく関係ない研究で博士号をとった。

くろきん

　ゆるふわ生物学のブレーンで、コンピュータを扱うのが得意。
　東京大学でバイオインフォマティクスという分野を研究しているらしい。

\ 特別出演 /

ロボくん

なぞのロボット。生物のお世話をするのが仕事らしい。なぜかホットケーキやクッキーなど、甘いものが大好き。

5

CONTENTS

はじめに …………… 2
メンバー紹介 ……… 2
プロローグ ………… 4

第1章 進化ってなんだろう?

どうして、生物の体は こんなによくできているの? …………… 14

そもそも、進化ってなに?…15／どうやって生物の進化の歴史を調べるの?…16／先カンブリア時代—生命の誕生…18／古生代—植物や動物が海から陸へ…19／中生代—さまざまな爬虫類が栄えた…21／新生代—鳥類と哺乳類が栄える…22

第2章 生物の系統

なぜ、地球上にはこんなに いろいろな生物がいるの? ………………… 28

そもそも「種」ってなんだろう?…30／種をはっきり区別するのはむずかしい…31／進化の歴史をあらわす「系統樹」って?…34／系統樹を読んでみよう…36／進化の歴史を系統樹でたどってみよう…38

COLUMN 知っておきたい「学名」のしくみ   33
COLUMN 系統樹はどうやって調べるの?   35
COLUMN 生物に「高等」も「下等」もない   37

第3章 自然選択

キリンの首が長いのはどうして? …………… 48

自然選択は進化が起こるメカニズム…49／黒いガはなぜ増えた?…51／ガラパゴス諸島のダーウィンフィンチ類…56／進化は偶然に起こることもある!…57／遺伝する特徴、しない特徴…58

COLUMN 実はむずかしい キリンの首が長い理由   50
COLUMN ダーウィンと自然選択   53
COLUMN 生物の進化に「目的」はない   60

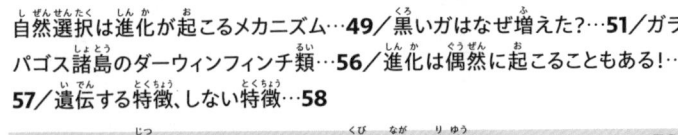

第4章 性と進化

どうしてクジャクの羽は派手なの？ ················· 66

なぜメスは派手なオスを好む？…68／メスをめぐるオスどうしの戦い…69／メスのほうが派手になることもある…71／ライオンの子殺しは、なぜおこなわれる？…71／オスとメスの対立…72／オスとメスが生まれる割合が同じくらいなのはどうして？…73／そもそも生物にはどうして性があるの？…74

COLUMN　ダーウィンをなやませたクジャク　　　　　67

第5章 収斂進化

サボテンではないものはどれ？ ····················· 80

泳ぐ動物の収斂進化─イルカとサメはなぜ似ている？…83／色が似る進化…84／イルカやサメにそっくりな絶滅爬虫類、魚竜…85／生物は祖先の特徴を引きつぐ…86／ちがうグループなのにそっくりに進化した哺乳類…88

第6章 相同

鳥の翼、チョウの翅、ヒトのうで、
つくりが近いものはどれ？ ························· 94

同じ「はね」でも、チョウと鳥では起源が異なる…95／爬虫類のあごの関節とヒトの耳の骨の意外な関係…96

COLUMN　鳥の翼とコウモリの翼 これは相同？ それとも収斂？　　98
COLUMN　ヒトは母親のおなかのなかで進化をくりかえす？　　99

第7章

種間関係と進化

花に甘いミツがあるのはどうして？ ……… 104

おたがいがいないと繁殖できないイチジクとイチジクコバチ…**105**／わたしたちの細胞のなかにある「別の細胞」のなごりって？…**109**／寄生した相手の行動を「操作」する寄生虫…**110**／「右利き」の魚と「左利き」の魚、子孫を残しやすいのはどっち？…**112**／なぜカタツムリは右巻きばかりなの？…**114**／左巻きのカタツムリの進化…**115**／コウモリとガの進化の競争…**116**

COLUMN	意図がなくても進化は起こる	**107**
COLUMN	ダーウィンの予言	**108**
COLUMN	ハリガネムシが森と川の生態系をつなぐ！？	**112**

第8章

擬態

どこに虫がひそんでいるでしょう？ ……… 122

どこにいるの？—背景にまぎれる擬態…**125**／ほかの動物にまぎれる擬態…**126**／見た目が似ていない擬態…**127**／自分の存在をアピール！—危険なものに似る擬態…**128**／危険な生物がおたがいに似る擬態もある！…**129**／にせの目玉で相手をだます…**131**／擬態する寄生虫…**132**／植物だって擬態する…**132**

第9章

人為選択

キャベツ、レタス、ブロッコリー。
なかまはずれはどれ？ ……………… 138

人為選択ってなに？…**139**／イネのタネが落ちないわけ…**141**／チワワもイヌ、プードルもイヌ。では、オオカミは？…**142**

COLUMN	種子を後世に残そう！ シードバンクのしくみ	**145**
COLUMN	ダーウィンと人為選択	**146**

第10章 進化の舞台裏

親子が似ているのはなぜ？ ……………………… 152

すべての生物がもっているDNAとは？…152／DNAはどうやって「設計図」として機能するの？…154／タンパク質はこんなふうにつくられる！…156／だれでも99.9％はDNAが同じ!?…159／子どもは両親から1セットずつ「設計図」を受けつぐ…160／ヒトは46本の染色体をもっている…160／母親・父親のDNAが受けつがれるしくみ…161／同じ親でもきょうだいのDNAがちょっとちがう理由…162／特徴のばらつきを生み出すDNA…165

| COLUMN | DNAをコピーするしくみ | 155 |
| COLUMN | DNA、遺伝子、染色体、ゲノムって？ | 167 |

第11章 協力の進化

どうして働きアリと女王アリは
姿がちがうの？ ……………………… 172

働きアリと女王アリの役割分担…173／どうして働きアリは女王アリを助けるの？…174／アリやハチの「真社会性」のひみつ…175／アリやハチ以外にもいる真社会性の生物…178／動物が自分を犠牲にしてもなかまを助けるのはなぜ？…179

エピローグ 進化にふれる

進化を身近に感じよう！ ……………………… 186

魚屋さんに行ってみよう…186／魚屋さんで発見できる「カウンターシェーディング」…187／横向きの魚、カレイを観察してみよう…188／スーパーの野菜売り場に行ってみよう…189／ネコジャラシとアワをくらべよう…190／かくれている生物を探してみよう…191／ニワトリの手羽で骨格標本をつくろう…192

おわりに…194
著者プロフィール…196
参考文献のご案内…199

すばやく水中にもぐり、魚をつかまえるカワセミ。
木の枝などから飛びこみ、瞬時に捕食する

進化って
なんだろう?

どうして、生物の体は
こんなによくできているの?

地球上の生物は、どれもとんでもなく精巧にできています。だれがつくったわけでもないのに、どうしてこんなによくできているのでしょうか? それを説明するのが進化です。この章では、進化とはなにか、地球上の生物はどんな進化の歴史をたどってきたのかを読みといていきます。

第1章

どうして、生物の体は
こんなによくできているの？

ロボットやコンピュータなど、ヒトがつくり出した機械とちがって、ヒトはだれかに設計されたわけではありません。

しかし、ヒトの体は機械以上に複雑で、機械にはできない仕事をこなせます。現在の技術では、ヒトどころか、細菌ですら人工的につくり出すことはできません。細菌のような比較的単純な生物でさえも、信じられないほど複雑なしくみで動いているのです。

だれが設計したわけでもないのに、どうして生物はこんなにも精巧で、よくできているのでしょうか？

それは、**生物が何十億年という、とんでもなく長い時間をかけて進化してきたから**です。

この本では、さまざまな視点から「生物の進化のふしぎ」を読みといていきます。

ANSWER

生物は、長い時間をかけて進化することによって精巧になった。

何十億年なんて、想像もできないほど長い時間だね

ぼくたちロボットのように、だれかに設計されたわけじゃないのによくできていて…すごいなあ

そもそも、進化ってなに？

QUIZ 1 進化ではないのは、どちらでしょう？

① 空を飛んでいた祖先が飛べなくなり、ダチョウになった

② オタマジャクシが成長してカエルになった

そもそも、進化とはなんでしょうか？　ポケモンの進化、パソコンの進化、宇宙の進化など、「進化」という言葉はよく使われますが、これらの進化は生物学でいう進化とはちがいます。

生物学では、「**生物の集団で、親から子に受けつがれる特徴が、世代を重ねるごとに少しずつ変わっていくこと**」を進化とよびます。

世代を重ねることが大事なんだよ

ポケモンの進化とはちがうんだね

では、もともと空を飛んでいた鳥の子孫が、世代を重ねるうちに翼を退化させて飛べなくなり、ダチョウになる。これは生物学でいう進化でしょうか？　「退化であって、進化ではない」と思いがちですが、実はこれも進化なのです。

ダチョウが飛べなくなったのは、1世代で起きたことではなく、世代を重ねるごとに少しずつ起きた進化の結果です。ですので、①はれっきとした進化です。退化というと、「進化の反対」のようなイメージがあるかもしれません。しかし、生物学における進化という言葉には「なにかがよくなる」といった意味はなく、**退化も進化にふくまれる**のです。

退化も進化なんだね！

そもそも、進んでいるか退いているかは、主観的な判断だよね

オタマジャクシが成長してカエルになるのは、「オタマジャクシの子孫が、世代を重ねるうちにカエルになる」のではなく、「1匹のオタマジャクシが、成長して形を変えてカエルになる」だけです。世代の交代が起こっていないので、これは進化ではありません。オタマジャクシがカエルになるように、**成長にしたがい1個体の生物が急激に形を変えること**は、変態とよばれます。ポケモンの進化も、生物学的には変態です。

Quiz1 の答え ▶ ② オタマジャクシが成長してカエルになるのは「進化」ではなく、「変態」という。

どうやって生物の進化の歴史を調べるの？

進化を理解するのに、「生物が過去にどのような進化の歴史をたどってきたか」を調べることは大事です。では、進化の歴史はどうやって調べるのでしょうか？
　まず、過去に生きていた生物の殻や骨などの化石は、進化の歴史の直接

的な証拠となります。また、生物は進化の過程で、地球の環境から大きな影響を受けたり、逆に地球の環境を大きく変えたりすることもあるので、地層から過去の地球環境について調べることも重要です。

　一方で、現在生きている生物（現生生物）も、生物の歴史について多くのことを教えてくれます。たとえば、たくさんの現生生物の特徴をくらべることで、「生物がどのような進化の歴史をたどったのか」を推測することができます。とくに、かたい部分をもたず化石として残らなかった生物の場合、進化の歴史は、現生生物から読みとくしかありません。進化の歴史の研究は、歴史学と同じように、限られた情報から、過去に起こったできごとをなんとか明らかにしようとする試みなのです。

　過去に起こったできごとの証拠は、時間がたつにしたがってだんだんと失われていきます。どんなにがんばっても、長い地球の歴史のなかで消えてしまった証拠はとり戻せませんから、進化の歴史を完全に明らかにすることは不可能です。また、限られた証拠から推測しているため、なにか1つ新しい証拠が見つかるだけで、定説がくつがえされてしまうこともめずらしくありません。

　このように、不確かな部分が多い進化の歴史ですが、それでも今までの研究からさまざまなことがわかっています。次のページから、現在までにどのようなことがわかっているのか、簡単に進化の歴史をたどってみましょう。

時間がたつにつれて証拠が失われていくので、昔のことほどわからないんだよ

事件の犯人をさがすのが、時間がたつほどむずかしくなっていくのと同じだね。進化生物学者って、なんだか探偵みたいだね！

17

先カンブリア時代
——生命の誕生

　地球ができたのは、約45億年前と考えられています。そのあと、最初の生命がいつ、どのようにして誕生したかについては、まだよくわかっていません。今のところ、**生命は40億年ほど前の地球で、無機物や単純な有機物から生まれた**と考えられています。

　地球ができてからの約40億年間、今から約5.4億年前までのあいだは、**先カンブリア時代**とよばれます。先カンブリア時代の化石は少なく、わかっていないことが多いのですが、進化の歴史を考えるうえで重要なできごとがたくさん起こりました。

　たとえば、地球上の現生生物には、細菌・古細菌・真核生物という3つの大きなグループがありますが（→第2章）、これらは先カンブリア時代の前半に出現しています。

　初期の生物は肉眼では見えないような小さなものばかりでしたが、**先カンブリア時代の終わりごろには、数十cmにもなる大型の生物があらわれます。**

エディアカラ化石群の1つ、ディッキンソニア（*Dickinsonia costata*）。オーストラリア産。約5.5億年前の海底に生息していた

とくに、オーストラリアやアフリカのナミビア、ロシアなど世界各地の6億年ほど前の地層からは、**エディアカラ化石群**とよばれるふしぎな生物の化石が見つかっています。エディアカラ化石群の生物たちには、ほかの時代の生物とは似ても似つかない奇妙な形のものが多くふくまれ、どのような生物だったのかあまりわかっていません。

古生代
——植物や動物が海から陸へ

　先カンブリア時代のあと、約5.4億〜 2.5億年前のあいだが古生代です。古生代のカンブリア紀になると、海のなかには三葉虫など、かたい殻をもつ生物が数多くあらわれます。そのため、カンブリア紀以降は、先カンブリア時代にくらべて化石がたくさん産出するようになります。

　また、カナダのバージェス頁岩や中国の澄江をはじめ、世界各地のカンブリア紀の海の地層からバージェス頁岩型化石群とよばれる保存状態のよい化石が見つかっています。

バージェス頁岩型化石群で見つかったアノマロカリス（Anomalocaris canadensis）。カナダ・バージェス頁岩産。カンブリア紀。節足動物（昆虫、サソリ、ムカデ、三葉虫などをふくむなかま）の祖先に近い生物

腕足類

三葉虫の一種（Placoparia tournemini）。オルドビス紀。三葉虫のまわりの貝のような化石は腕足類で、2枚の殻をもつが、二枚貝とはまったくちがう生物

アノマロカリスの復元画

　バージェス頁岩型化石群には、現生生物には見られないようなふしぎな形をした生物がたくさん見られます。また、通常は化石に残りにくいやわらかい部分がきれいに残っているので、進化の歴史をとき明かすための重要な手がかりになっています。

ウミユリの一種 (*Temnocrinus tuber-culatus*)。シルル紀。一見植物のような形だが、ヒトデ・クモヒトデ・ウニ・ナマコと同じ棘皮動物。棘皮動物は五放射相称 (5つの同じ構造が放射状に並ぶこと) の体が特徴

CGで再現された石炭紀の森

古生代の海では、腕足類やウミユリが栄えました。三葉虫は、石炭紀以降は多様性を減らすものの、古生代の終わりまで生き残りました。

魚のなかまは、オルドビス紀まではあまり目立つ存在ではありませんでしたが、シルル紀以降に多様化しました。

カンブリア紀の時点ですでにさまざまな生物がいた海に対して、陸上の生態系が豊かになるのは少し遅れます。植物は、古生代の初期に陸上に進出し、シルル紀には大型のものがあらわれます。ムカデのなかまや、サソリ・クモのなかまなど、陸上で生活する動物が繁栄しだしたのもシルル紀です。

さらに、デボン紀には、あごをもった魚の一群から、4本のあしで陸上を歩く両生類のような動物が進化します。

石炭紀になると、巨大なシダ植物のなかまなどが広大な森をつくり、昆虫が多様化します。この時期に、もともと乾燥した環境では生活できなかった両生類のような動物の一群から、生涯陸上で生活するものが進化し、これが爬虫類や哺乳類などの祖先になりました。

古生代と次の中生代との境である**P-T境界**では、大絶滅が起こります。

生命の誕生				植物や動物が海から陸へ進出	
先カンブリア時代			古生代		
	カンブリア紀	オルドビス紀	シルル紀	デボン紀	石炭紀
	5.4億年前	4.9億年前	4.4億年前 4.2億年前	3.6億年前	3.0億年前

海では三葉虫が完全に絶滅し、腕足類やウミユリも大幅に多様性を減らします。陸でも多くの動植物が絶滅しました。

中生代
——さまざまな爬虫類が栄えた

P-T境界の大絶滅のあと、2.5億～6600万年前のあいだは中生代とよばれます。中生代の海では、P-T境界で大きく数を減らした腕足類に代わり、二枚貝や巻貝が目立つようになります。古生代に出現したアンモナイト類が大繁栄し、さまざまな形をした数多くの種が見られたのは、中生代の海の特徴の1つです。また、エビ・カニなどの甲殻類も、中生代以降に目立つようになります。

中生代の陸上では、恐竜をはじめとする爬虫類が栄えました。三畳紀のうちに出現した恐竜は、とくにジュラ紀と白亜紀に多様化しました。また、恐竜以外の爬虫類も、空を飛ぶものから海を泳ぐものまで、いろいろな環境に進出するものがあらわれました。ジュラ紀には、恐竜の一群が空を飛ぶ能力を獲得し、これが鳥の祖先になりました。一方、中生代にはソテツ・イチョウ・針葉樹のなかまである裸子植物などが森をつくるようになります。中生代の終わりごろには、被子植物が目立つようになりました。

中生代と次の新生代の境界は、**K-Pg境界**とよばれます。K-Pg境界では、巨大な隕石が地球に衝突したことがきっかけで、大絶滅が起こります。この絶滅では、恐竜をはじめとする中生代に栄えた爬虫類の多くが絶滅しました。恐竜の子孫で生き残ったのは、一部の鳥のみでした。海のなかでも、中生代を通じて大繁栄していたアンモナイト類が絶滅しました。

	さまざまな爬虫類が繁栄			鳥類・哺乳類が繁栄
P-T境界			K-Pg境界	
	中生代			新生代
ペルム紀	三畳紀	ジュラ紀	白亜紀	
2.5億年前	2.0億年前	1.5億年前	6600万年前	現在

QUIZ 2 ークイズー

以下の絵は、どれも中生代に生息していた爬虫類です。このうち恐竜はどれでしょう?

① ② ③ ④

実は恐竜は、竜脚類のなかまである②のみです。竜脚類は①のクビナガリュウとまちがえられることが多いのですが、海にすんでいたクビナガリュウは恐竜ではありません。③は海に進出したモササウルス類（オオトカゲに近いなかま）、④は空に進出した翼竜です。恐竜は、鳥類に近いものをのぞくと、基本的には海や空には進出しませんでした。また、中生代の陸上には、ワニのなかまなど、恐竜以外にも大型爬虫類がいました。

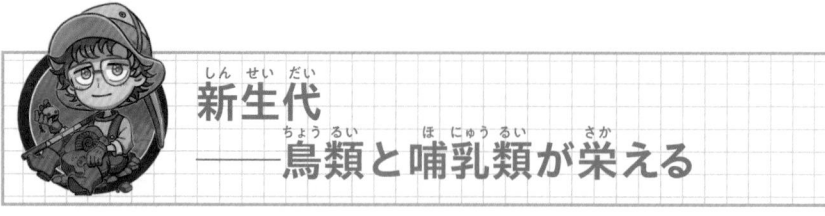

新生代
——鳥類と哺乳類が栄える

6600万年前に起こった白亜紀末の大絶滅から現在までのあいだは、新生代とよばれます。古第三紀には、鳥類と哺乳類の多様化が起こりました。
もともと陸上で生活していた哺乳類ですが、新生代になると、空に進出

したコウモリや海に進出したクジラなど、さまざまなものが進化します。また、新生代の海では、魚もめざましい多様化をとげました。

　植物に目を向けると、新生代には被子植物の多様化が進み、陸上の環境は大きく変わりました。被子植物の木々が立ちならぶ広葉樹林には、枝と枝が接近しあう「林冠」という環境が発達し、その環境を利用する動物も進化します。たとえば、サルのなかまの多くは、物をつかむことのできる手足をもち、樹上生活に適した体をしています。

　また、約2300万年前にはじまる新第三紀になると、陸上にイネ科植物をおもな構成要素とする草原が広がるようになります。それに応じて、ウマなどの奇蹄類やウシなどの偶蹄類といった、大型草食哺乳類があらわれました。

　こうした環境の変化にともない、もともと林冠に適応していたサルのなかまのうち、草原に進出したものから、**ヒトが生まれた**のです。

QUIZ3 －クイズ－　もっともクジラに近い哺乳類はどれでしょう？

① ゾウ

② サイ

③ カバ

海を泳ぐ
ザトウクジラ

　クジラは偶蹄類の系統のなかから進化しました。なかでもクジラともっとも近縁な現生生物はカバのなかまです。サイはウマに近いなかま（奇蹄類）です。ゾウはアフリカ獣類とよばれる、アフリカで多様化したグループに属します。同じく海に進出したアフリカ獣類に、カイギュウ類がいます。

QUIZ2の答え　②　　　QUIZ3の答え　③

chapter 2

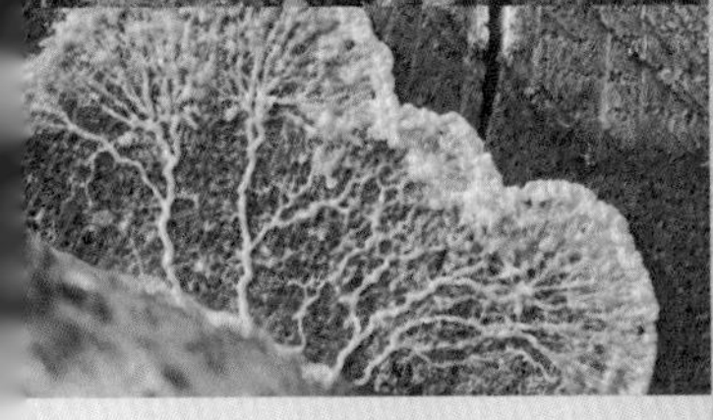

第2章

生物の系統

なぜ、地球上にはこんなに いろいろな生物がいるの？

わたしたちヒトから、ヨーグルトのなかの乳酸菌まで、地球上にはさまざまな形や大きさをした生物がいます。おどろくべきことに、これらすべての生物の祖先は同じです。同じ祖先から枝分かれをくりかえすことで、生物はこんなにも多様になったのです。この章では、生物の多様性と系統にせまります。

進化によって
生物が今の形に
なったのは
わかったけど

でも生物って
いろいろな
姿形のものが
いるよね

この木だって
生物だけど

人間とは
まったく
ちがうよね

そうだね〜

ぼくたちヒトは歩いたり
話したりできるけど、

木のように光合成したり
土から養分を吸い上げたり
することはできないもんね

でも実は、ヒトもイヌも
テントウムシもタンポポも
ヨーグルトのなかの乳酸菌も

みんな祖先は
同じなんだ

ヨーグルト

えっ！ みんな
もとは同じ生物
だったの!?

なぜ、地球上にはこんなにいろいろな生物がいるの?

わたしたちの身のまわりには、さまざまな生物がいます。ヒトも、イヌも、キノコも、植物も、乳酸菌さえも、同じ生物です。おどろくべきことに、**これらすべての生物の祖先をたどっていくと、同じ祖先**に行きあたります。地球上のすべての生物は、遠い昔に生きていた同じ祖先からたどることのできる子孫なのです。

子どもをつくり、その子どもがまた子どもをつくる……。これをくりかえすにつれて生物は進化し、世代を経るにつれて形や性質が変わっていきます。こうした進化と同時に、もともと同じ種だった生物が別の種に分かれることで、しだいにたくさんの、さまざまな見た目の種が生まれます。

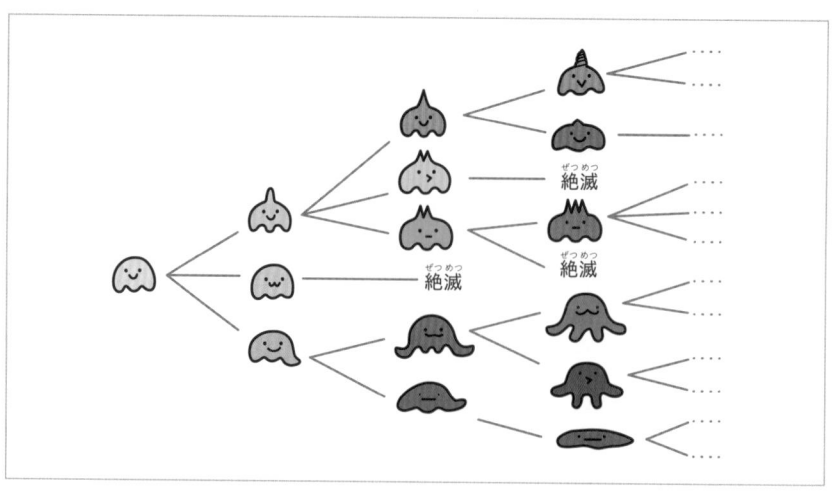

では、生物はどのように同じ祖先からたくさんの種に分かれたのでしょうか? それに答えるには、**「生物がどのように子孫をつくるか」**について考える必要があります。

わたしたちにとって身近な生物の多くは、オスとメスに分かれており、**同じ種のオスとメスが交配し、子どもを産むことで子孫を残します**。一方で、異なる種のオスとメスでは基本的に交配が起こらず、子孫を残せません。

たとえば、ある島にカエルの集団がすんでいたとしましょう。気候変動で海水面が上がり、この島が2つに分かれてしまうと、カエルは島のあいだで行き来ができなくなります。こうなってしまうと、このカエルは2つの集団に分かれて、たがいに出あうことがなくなります。

この状態で時間がたち、世代の交代が進むと、2つの島にすんでいるカエルのあいだには、しだいにさまざまなちがいが生まれます。最終的には、2つの集団のカエルどうしが交配しても、子孫を残せなくなってしまうのです。

一度交配が成立しなくなると、たとえこの2つの島がふたたび陸つづきになったとしても、2つの集団が混ざりあうことは二度とありません。こうなったとき、「もともと1つだった種が、2つに分かれた」といえるのです。

このように、なんらかの理由でたがいに交配がおこなわれなくなることで、**1つの種が複数の種に分かれる現象**を種分化といいます。

1 ある島にカエルの集団がすんでいる

2 海水面が上昇し、島が2つに分かれ、分断された2つの集団になる

4 もし2つの島が陸つづきに戻っても、2つの集団に分かれたままになる

3 時間がたつにつれて、2つの集団のあいだでちがいが生まれる

祖先は同じだが、世代の交代をくりかえすうちに進化が起こるとともに、種分化によって種が分かれ、多種多様な生物が生まれた。

　これは性がある生物の例でしたが、実際には**性がない生物**もたくさんいます。その場合でも、同種の個体間で起こっていた遺伝子（→第10章）の交換がなんらかの理由で起こりにくくなれば、同じように種分化します。

そもそも「種」ってなんだろう?

QUIZ1 －クイズ－ 同じ種ではない組みあわせはどちらでしょう?

① チワワとトイプードル

チワワ

トイプードル

② ウマとロバ

ウマ

ロバ

生物の種は、どうやって分けるのでしょうか？

実はこれは、とてもむずかしい問題です。というのも、地球上にはいろいろな性質の生物がいるため、どんな生物にも等しくあてはめることができる種の区切り方というのはありません。その結果、どういうものを種とするかの方針（種概念とよばれます）として、さまざまなものが提唱されています。

もっともよく知られている種の区切り方が生物学的種概念です。生物学的種概念では、**その集団内ではたがいに交配することで子孫を残すことができるが、ほかの集団とは交配して子孫を残すことができない**生物の一群が種であると考えます。

ウマとロバは交配ができますが、メスのウマとオスのロバの子どもであるラバは子孫を残す能力をもたないため、ウマとロバは別の種です。一方、チワワとトイプードルのミックス犬は、チワプーとよばれます。チワプーは子孫を残すことができるので、チワワとトイプードルは見た目が大きくちがっても、同じイヌという種なのです。

Quiz1 の答え　**②** ウマとロバは同じ種ではない。

種をはっきり区別するのは むずかしい

生物学的種概念では、種を区別するのがむずかしい例もたくさんあります。そもそも、性がない生物には生物学的種概念は使えません。

また、たとえばヤナギムシクイという鳥は、右の図のようにチベット高原をかこむように帯状に分布しており、近くの

分布の両端が重なる地域

チベット高原

ヤナギムシクイの分布

個体群どうしは交配することができます。ところが、分布の帯の両端が重なるシベリア中部では、両端の個体群は同じ場所にすんでいるにもかかわらず、交配することはなく、別種のように見えます。この例では、どこで種を区切ればよいのかがはっきりしません。

　また、古生物の種を区別する際にも、生物学的種概念は使えません。

　たとえば、200万年をかけて少しずつ形態が変わっていったあるアンモナイトがいたとします。このアンモナイトの「9800万年前の個体」と「9600万年前の個体」が同じ種かを決めるために、生物学的種概念を使おうとすると、「9800万年前の個体」と「9600万年前の個体」が交配できたかどうかを考える必要があります。

　しかしもちろん、アンモナイトも、どんな生物も時間を超えて交配することはできません。かりにタイムトラベルができたとしても、「9800万年前の個体」と「9700万年前の個体」、「9700万年前の個体」と「9600万年前の個体」はそれぞれ交配できるが、「9800万年前の個体」と「9600万年前の個体」では交配できないという状況だとしたら、生物学的種概念ではどこで種を区切ればよいか決められないのです。

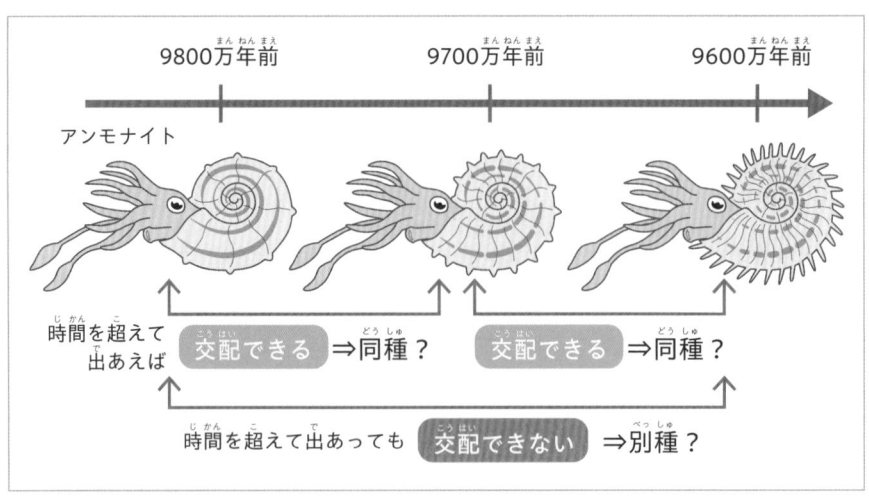

知っておきたい「学名」のしくみ

　一般的に使われる生物の名前は、しばしば生物学的な種の区切りに対応していないことがあります。たとえば、同じ種の生物が地方によってがちがう名前でよばれたり、大きさによってちがう名前でよばれたりする場合があります。しかしこれでは研究するときに、それぞれの名前がどの種をさしているのかがあやふやになって、こまってしまいます。

　こうした問題を解決するのが学名です。**学名は、1種の生物に1つだけ**あり、動物では国際動物命名規約、藻類・真菌・植物では国際藻類・菌類・植物命名規約、細菌・古細菌では国際原核生物命名規約にしたがいます。学名をつけるときには、こうした規約にしたがい、新種がすでに知られている種とどうちがうかを記した記載論文を発表します。

　記載論文では、その種の基準となる標本である**タイプ標本**が指定されます。後世の研究者は、タイプ標本とくらべることで、手もとの標本が既知の種か、学名のついていない未記載種かを調べるのです。

　学名はラテン語の文法にしたがい、2単語であらわされます。たとえばヒトの学名は*Homo sapiens*です。*Homo*は属名で、ヒトが*Homo*属というグループに属することをしめします。*sapiens*は種小名で、属名とセットで*Homo sapiens*という種であることをあらわしています。属名と種小名は通常、斜体で書きます。また、属名のみ最初の1文字を大文字で書きます。亜種名など、属と種以外の階級がつく場合もあります。たとえば、イヌの学名は*Canis lupus familiaris*ですが、*familiaris*が亜種名です。学名のうしろに、命名者と命名年を表記する場合もあります。たとえば、ヒトの学名は*Homo sapiens* Linnaeus, 1758と表記されますが、これは1758年に博物学者カール・フォン・リンネ（ラテン語名：Carolus Linnaeus）がヒトの記載をおこなったことをあらわしています。

以上のことを考えると、種というものは、究極的には人間が都合のよいところで区切ったものだと考えることができます。

種を区別するのって、簡単じゃないんだ…

研究者によって、同種か別種か
意見が分かれる場合も多いんだよ

結局のところ、厳密に区切るのはむずかしいものの、「めったにほかの集団と混じりあうことがなく、ほかの集団とは独立した進化の道をたどる、ひとまとまりの生物の集団」を、おおざっぱに種とよんでいるといえます。

進化の歴史をあらわす「系統樹」って?

生物が種分化をくりかえすことで枝分かれしてきた進化の歴史を、樹木のような形の図であらわしたものが系統樹です。系統樹の根もとは祖先に対応し、枝先に近づくほど新しい時代の生物であることを意味します。

たとえば、トカゲ・トリ・ヒト・カエルの系統樹は、下の図のようになります。

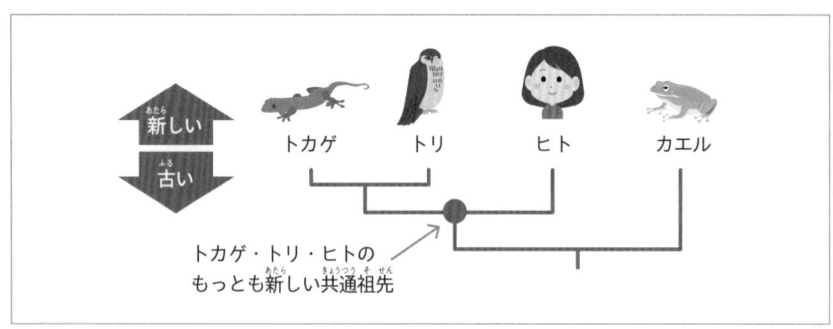

新しい
古い
トカゲ　トリ　ヒト　カエル
トカゲ・トリ・ヒトの
もっとも新しい共通祖先

系統樹は、生物の枝分かれ（分岐）の順番をしめすものなので、どの分岐点で左右の枝を入れかえても意味は変わりません。したがって、下の系統樹は、前のページの系統樹と同じものです。

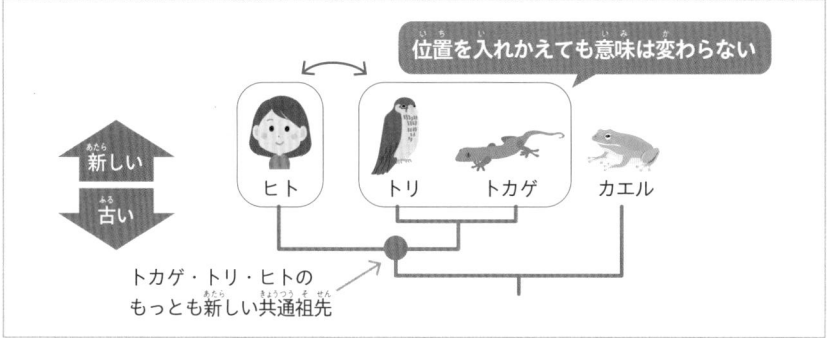

位置を入れかえても意味は変わらない

新しい
古い

ヒト　トリ　トカゲ　カエル

トカゲ・トリ・ヒトの
もっとも新しい共通祖先

COLUMN

系統樹は
どうやって調べるの？

　ある生物の進化の歴史を読みとくためには、その生物についての今ある手がかりをもとに、系統樹を推定する必要があります。系統樹を推定する方法として現在もっともよく使われているのは、DNA（→第10章）の情報から推定する方法です。この方法で推定された系統樹は分子系統樹とよばれます。一方、DNAの情報が得られない化石などでは、形の情報から系統樹を推定する場合もあります。いずれの場合でも、わたしたちが得ることのできる系統樹は、あくまで推定されたもの。研究が進むにつれて、それまで信じられていた系統樹が否定されることもめずらしくありません。地道な研究の積み重ねで、少しずつ進化の歴史が明らかになるのです。

系統樹を読んでみよう

それでは、実際に系統樹を見てみましょう。

QUIZ 2　シイタケは、サクラとヒトのどちらに近いでしょう?

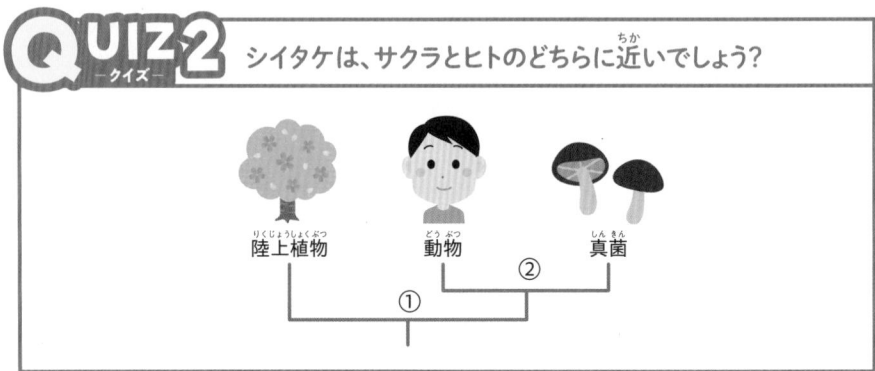

これは、ヒトをふくむ動物、サクラをふくむ陸上植物、シイタケをふくむ真菌（キノコのなかま）という3つのグループが、どのような順番で枝分かれしたかをしめす系統樹です。この図から、真菌が陸上植物と動物のどちらに近いかを読みといてみましょう。

　根もとからたどると、①の位置で、「陸上植物」と「動物と真菌をあわせたグループ」に分かれ、その後②の位置で「動物」と「真菌」に分かれています。根もとに近いほど、古い時代に起こったことですから、動物と真菌が分かれる前に、陸上植物が分かれていることがわかります。そうです、**進化の歴史を考えると、シイタケはサクラよりヒトに近い**のです。

　実は、真菌と動物はどちらもオピストコンタとよばれる大きなグループに属しており、陸上植物とくらべるとたがいに近いなかまなのです。

QUIZ2 の答え　ヒト。シイタケはサクラよりもヒトに近い。

生物に「高等」も「下等」もない

　ヒトに近い生物や、知能が高いとされる生物を「高等」とよんだり、逆にそのイメージから遠い生物を「下等」とよんだりすることがあります。また、ヒトに近いかどうかだけではなく、特定の系統のなかで「高等」「下等」という言葉が使われることもあります。たとえば、「被子植物は高等な植物で、シダ植物は下等な植物」といった表現を聞いたことはありませんか？

　しかし、進化生物学では、高等生物や下等生物といった区別はしません。こうした表現は、「高等」な生物は「下等」な生物よりも「進化が進んでいる」というイメージを与えますが、これは誤りです。生物学では、**進化は「進歩」を意味する言葉ではありません。そのときの環境や偶然に左右されて起こる変化が進化**であり、劣ったものがすぐれたものに進歩していく過程ではないのです。

　ふだんわたしたちは、「技術の進化」のように、進化を「進歩」の意味で使うことがありますが、生物の進化を考えるときにはそのような使い方に引っぱられないように気をつける必要があります。

　すべての生物はみな、その場・そのときの環境に適応してきた進化の産物です。どれがすぐれているわけでも、劣っているわけでもありません。複雑な生物、単純な生物という差こそある場合もありますが、複雑だから高等だというわけではないのです。単純な生物は、複雑にならなくても現在まで生き残っているのですから、複雑な生物にくらべてより洗練された生き方をしていると考えることもできるかもしれません。「知能が高いから高等、低いから下等」といったランクづけも、人間の勝手なイメージなのです。

進化の歴史を
系統樹でたどってみよう

　現生生物は、大きく細菌・古細菌・真核生物という3つのグループに分けられます。このうち、細菌と古細菌は、まとめて原核生物とよばれます。真核生物は、古細菌の一部から進化したことがわかっています。

エクスカバータ

ミドリムシ、トリパノソーマなど

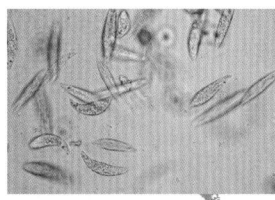

SAR

褐藻（コンブなど）、
ゾウリムシ、
有孔虫、放散虫など

原核生物

細菌（バクテリア）

乳酸菌、大腸菌など

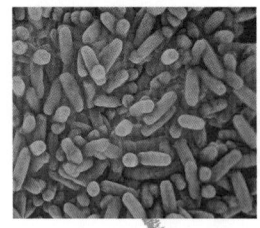

古細菌（アーキア）

メタン菌、高度好塩菌など

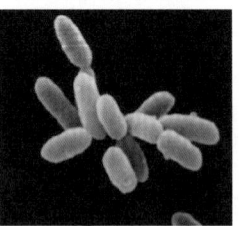

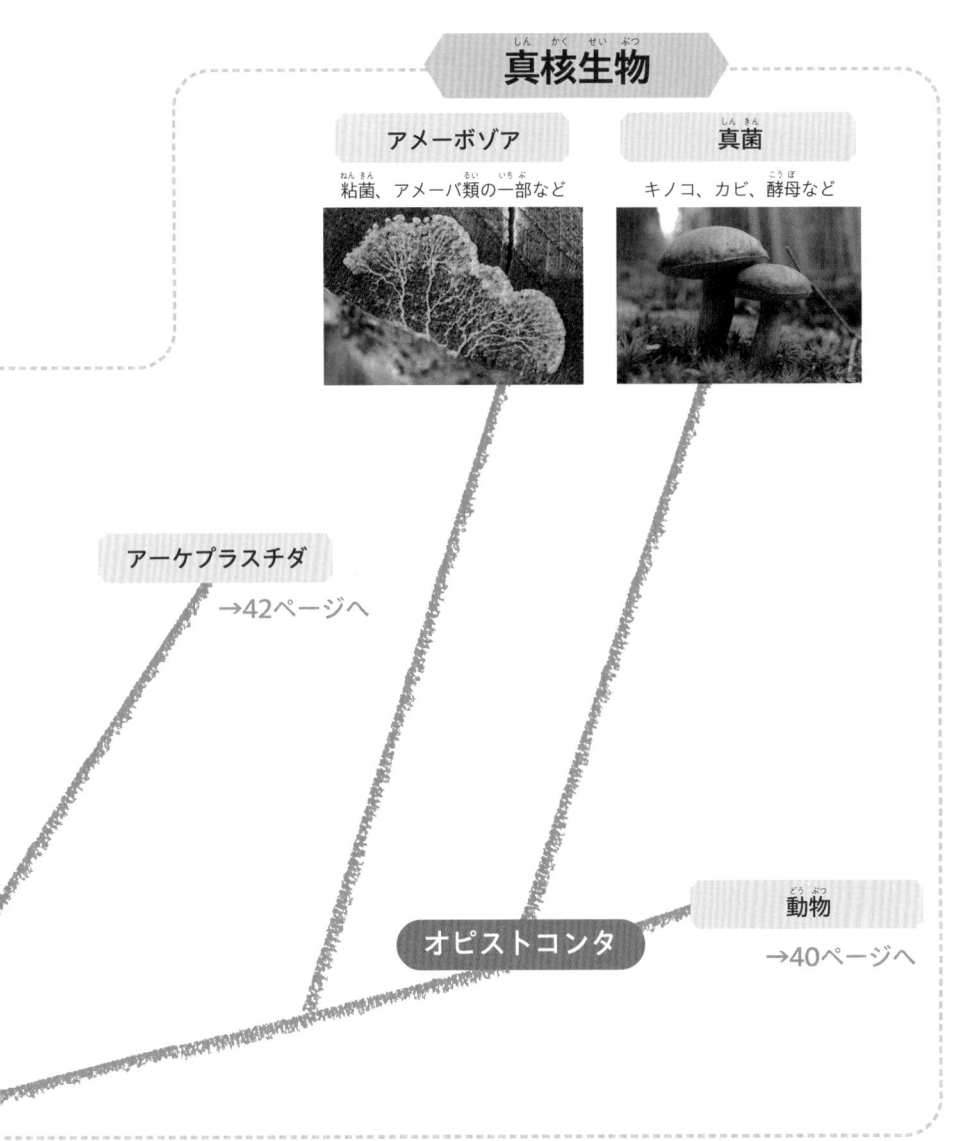

真核生物

アメーボゾア
粘菌、アメーバ類の一部など

真菌
キノコ、カビ、酵母など

アーケプラスチダ
→42ページへ

オピストコンタ

動物
→40ページへ

※図示しているのは一部の系統のみです。

「動物」というと、哺乳類と鳥だけをさすと思っている方もいるかもしれません。しかし、生物学でいう動物は、もっといろいろな生物をふくんでいます。ヒトがどんな進化をしてきたのか、系統樹をたどってみましょう。

脱皮動物

節足動物、クマムシ、線虫など

冠輪動物

貝のなかま、腕足類、ミミズ、ゴカイ、コケムシなど

刺胞動物

クラゲ、イソギンチャク、サンゴなど

海綿動物

カイメンのなかま

旧口動物

左右相称動物

39ページから続く

動物

※図示しているのは一部の系統のみです。

頭索動物

ナメクジウオ

尾索動物

ホヤのなかま

水腔動物

棘皮動物（ウミユリ、ウニ、ヒトデ、クモヒトデ、ナマコ）、半索動物

脊索動物

新口動物

脊椎動物

魚、カエル、ヒトなど

QUIZ3　ヒトデとカタツムリ、ヒトに近いのはどちらでしょう？

ヒント

枝分かれの順番をよく見てね！

陸上植物は、紅藻や緑藻などとともにアーケプラスチダとよばれるグループにふくまれます。同じ光合成をする生物でも、コンブなどの褐藻やミドリムシはまったくちがうグループであることに注意しましょう（→38〜39ページ）。

苔類

ゼニゴケなど

ツノゴケ類

ツノゴケのなかま

蘚類

ミズゴケ、スギゴケなど

紅藻植物

テングサ、アサクサノリなど

コケ植物

陸上植物

39ページから続く

アーケプラスチダ

※図示しているのは一部の系統のみです。

シダ植物

シダ、トクサなど

裸子植物

ソテツ、イチョウ、マツなど

小葉植物

ヒカゲノカズラ、ミズニラ、イワヒバ など

被子植物

キク、バラ、イネ、スイレンなど

種子植物

維管束植物

QUIZ3 の答え ▶ ヒトデ。

カタツムリは貝のなかまで冠輪動物にふくまれるよ。40〜41ページの系統樹を見ると、ヒトデとヒトの枝分かれは、「カタツムリ」と「ヒトデ・ヒトをあわせたグループ」の枝分かれよりあとに起こっていることがわかるね。だから、答えはヒトデだよ

なるほどー！

第3章

自然選択

キリンの首が長いのはどうして？

第2章では、「地球上の生物は、同じ祖先から、世代を経るにつれて少しずつ形を変えながら、枝分かれをくりかえしてきた」ということを学びました。では、世代を経るにつれて形が変わるというのは、どんなしくみなのでしょうか？ この章では、進化の原動力ともよべる自然選択にせまります。

それはよくあるかんちがいなんだよ〜

えっ、ちがうの!?

ネコのツメは獲物（えもの）をつかまえるためにするどくなったとか

ウサギの耳（みみ）は体温（たいおん）を逃（に）がすために大（おお）きくなったとか

よく聞（き）く言（い）い回（まわ）しですよね。

たとえば、豚骨（とんこつ）ラーメン屋（や）と塩（しお）ラーメン屋（や）があって、豚骨（とんこつ）ラーメンがブームになったとしよう

豚骨（とんこつ）ラーメン屋（や）ばかりになるのは同じでも「塩（しお）ラーメン屋（や）が、売上（うりあげ）を伸（の）ばすために豚骨味（とんこつあじ）に変（か）えた」のと

「売上（うりあげ）が伸（の）びなかった塩（しお）ラーメン屋（や）はつぶれて、豚骨（とんこつ）ラーメン屋（や）が生（い）き残（のこ）った」とでは、話（はなし）が全然（ぜんぜん）ちがうでしょ？

たしかに…！

キリンの話（はなし）でいうとね「高（たか）いところの葉（は）を食（た）べられない首（くび）の短（みじか）いキリンは死（し）んでしまって、首（くび）の長（なが）いキリンが生（い）き残（のこ）った」その結果（けっか）、首（くび）の長（なが）いほうが子孫（しそん）を残（のこ）しやすくて世代（せだい）を重（かさ）ねるうちにキリンの首（くび）は長（なが）くなったんだ

なるほど！結果的（けっかてき）にそうなっただけで進化（しんか）に目的（もくてき）はないんだね

第3章

キリンの首が長いのはどうして？

これは、だれもが一度はもったことがある疑問かもしれませんね。キリンの特徴的な長い首が獲得されるまでには、次のような過程があったと考えることができます。

① 「首の長いキリン」と「首の短いキリン」がいる集団があった。
② 首の長いキリンのほうが、高いところの葉を食べやすい。
③ たくさんエサを食べられるので、首の長いキリンは生存しやすい。
④ その結果、首の長い個体が、より多くの子孫を残す。
⑤ 首の長い個体の子どもが、その特徴を引きつぐなら、次の世代では首の長いキリンが多くなる。
⑥ その過程を何世代もくりかえすことで、首がより長いキリンが多い集団になる。

キリンの祖先では、首の長さにばらつきがあった

首の長いキリンのほうが生存に有利で、より多くの子孫を残した

世代を経るにつれてキリンは首の長い動物になった

48

ANSWER

首の長いキリンのほうが生き残りやすく、多くの子孫を残したため、しだいに子孫の首が長くなった。

「キリンの首が長くなったのは高いところの葉を食べるため」といった説明を聞いたことがあるかもしれませんが、これは誤りです。「高いところの葉っぱを食べることができるように、首を伸ばそう」といったように、生物の意思や目的にあわせて進化が起こるようなことはないのです。

自然選択は進化が起こるメカニズム

自然選択とは、ダーウィンとウォレス（→54ページ）が発見した、**進化が起こるしくみ**の１つです。次の条件が満たされているとき、世代を重ねるにつれ、生物集団の特徴は変化します。この過程を自然選択といいます。

①形質（生物のもつ特徴）が集団内でばらついている
②その形質は遺伝する
③形質によって、子孫の残しやすさが異なる

遺伝については第10章でくわしく説明しますが、簡単にいうと、**親の特徴が子どもに受けつがれること**です。もし特徴が子孫へ伝わらなければ、生物集団の変化が次の世代に受けつがれることはありません。このため、遺伝は進化に欠かせない条件です。

また、「子孫の残しやすさ」のことを適応度といい、ある形質をもっていることで、その個体の適応度がほかの個体よりも高いとき、**「その形質は適応的である」**といいます。キリンの例でいえば、「首が長いという形質は、適応的だった」といえるのです。

実はむずかしい
キリンの首が長い理由

　首の長いキリンは高いところの葉を食べるのに有利で、それによって首が長くなる進化が起こる、という話をしてきました。

　しかし、キリンの進化で実際に、「高いところの葉が食べられること」が重要だったのかについては議論があります。

　キリンの長い首は、メスをめぐるオスどうしの争いにも使われます。首で相手をなぐるように攻撃するのです。この争いでは、首の長いオスのほうが有利になり、より多くの子孫を残せることで、首が長くなる進化が起こったという説もあります。

　この例からわかるように、「ある特徴が、実際にどういう理由で適応的なのか」を知るのは、簡単なことではありません。

メスをめぐって長い首で激しく争うオスのキリン。その迫力は草食動物のおとなしいイメージとはほど遠い

黒いガはなぜ増えた？

QUIZ1 —クイズ—

　オオシモフリエダシャクというガには、明色型と暗色型があることが知られています。19世紀後半のイギリスでは、もともと多かった明色型が減り、暗色型が増えました。これはなぜでしょう？

　オオシモフリエダシャクというガには、白っぽい色の明色型と黒っぽい色の暗色型があります。もともとは明色型の個体が多かったのですが、19世紀のイギリスで、工業化が進むのにともなって暗色型の割合が増えるという現象が観察されました。

　明色型の個体は、地衣類（真菌と緑藻などの共生体）が付着した樹皮によく溶けこむ色をしており、逆に暗色型は地衣類の上では目立ちます。目立つ個体は、目で見てエサを探す鳥などの捕食者に食べられやすくなります。つまり、地衣類が付着した樹皮が多い環境では、明色型のほうが適応度が高いといえます。ところが、工業化にともなう大気汚染により、地衣類が減少し、黒っぽい背景が増加しました。そうなると、今度は逆に明色型が目立つようになり、暗色型のほうが適応度が高くなります。こうして、

工業化にともなって暗色型の個体の割合が増えたのです。

白い背景では、暗色型のほうが目立つため捕食されやすい

黒い背景では、明色型のほうが目立つため捕食されやすい

　この現象は、自然選択の実例として有名で、**オオシモフリエダシャクの工業暗化**として知られています。また、実験でも、背景に溶けこんだ色をしているオオシモフリエダシャクのほうが鳥に食べられにくいことが確かめられています。

　自然選択はふつう、とても長い時間をかけて起こるため、直接観察することは簡単ではありません。オオシモフリエダシャクの工業暗化は、人間が目の前で起こった自然選択を観察できためずらしい例なのです。

　また、この例からわかるように、どのような形質が適応的かは、環境によって変わります。

QUIZ1の答え 工業化による大気汚染で樹皮の色が黒っぽくなり、暗色型のほうが捕食されにくくなったから。

白と黒ってすごいちがいだね！

適応的かどうかは、その生物がくらす環境によって変わることがわかるね

ダーウィンと自然選択

進化といえば、チャールズ・ダーウィン（1809 ～ 82）の名前を思い浮かべる人も多いでしょう。ダーウィンはどんな人で、なにを発見して有名になったのでしょうか？

実は進化は、ダーウィンが最初に提案したわけではありません。「生物は進化する」ということを主張していた学者は、ダーウィン以前からいたのです。しかし当時のヨーロッパでは、こういった考えは、「人は神によって創造された」とするキリスト教の教えに反することから、受け入れられていませんでした。

1868年に撮影されたダーウィン

ダーウィンのいちばんの功績は、自然選択というシンプルなアイディアで生物の進化を合理的に説明できることをしめし、「生物が進化する」という事実を世間に受け入れさせたことでしょう。

一方で、ダーウィンは進化の研究で自然選択にとどまらず、ほかにもたくさんの発見をしています。このコラムでは、現代の進化生物学の基礎をつくり上げたダーウィンの生涯と業績について簡単に紹介しましょう。

1809年にイギリスで生まれたダーウィンは、幼いころから博物学に親しみながら育ちました。1831年にケンブリッジ大学を卒業すると、ビーグル号という船に博物学者として乗りこみ、世界各地をまわります。

1836年まで、5年がかりで世界一周をしたダーウィンは、その旅の途中、さまざまなところで生物と地質の調査をおこない、たくさんの生物や化石の標本をイギリスにもち帰りました。

ビーグル号の航海でさまざまな発見をしたダーウィンは、すご腕の博物学者としてイギリス国内で有名になります。そして、たくさんの研究者の協力のもと、航海で集めた標本を研究するうちに、これらの標本の多様性を説明するためには、**ある種が別の種に変わるという現象、つまり進化が必要なのではないか**と考えはじめます。

その後、ダーウィンは地質や生物についてさまざまな研究をおこなうかたわら進化の研究を進め、生物の進化のしくみとして、自然選択を考案します。

世間からの反発を恐れて、自然選択の理論を発表することをためらっていたダーウィンですが、1858年に彼より14歳若い博物学者であるアルフレッド・ラッセル・ウォレス（1823 ～ 1913）から手紙を受けとり、状況が一変します。なんと、東南アジアで生物の調査をおこなっていたウォレスは、進化を説明するメカニズムとして、ダーウィンと同じ自然選択を思いつき、そのアイディアをまとめた論文の原稿を送ってきたのです！

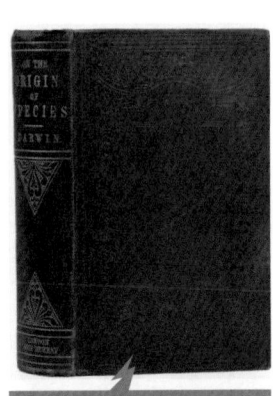

『種の起源』の初版（1859年）

ウォレスが同じアイディアにたどり着いていることにおどろいたダーウィンは、ウォレスのその論文と同時に、それまで公表をひかえていた自然選択についての研究を発表します。

その後1年かけて、ダーウィンは自身の進化にかんする研究を1冊の本にまとめます。これが、1859年に出版された『種の起源』です。

『種の起源』は、出版直後から反発を招きつつも大いに話題になり、しだいに生物が進化するということが世間に受け入れられていきました。

ダーウィンは、『種の起源』の出版後も、次々と進化にかんする研究を

発表しました。

　たとえば、1862年には植物と昆虫の関係についての著書『蘭の受粉』を発表しており、この研究は生物どうしのかかわりあいのなかで起きる進化についての研究の基礎になっています（→第7章）。また、1871年には『人間の進化と性選択』という本を出版し、性選択の研究の基礎をつくりました（→第4章）。

　なお、進化生物学の基礎を築いたダーウィンですが、その考察のすべてが正しかったわけではありません。ダーウィンの時代には、第10章で扱う遺伝子やDNAの存在が一般に知られていなかったため、ダーウィンの遺伝にかんする考察の多くは、その後の研究で誤りであることが明らかになっています。

若き日のダーウィンが乗った船、ビーグル号

ガラパゴス諸島の
ダーウィンフィンチ類

南米の赤道直下、エクアドル西方の太平洋上にあるガラパゴス諸島には、ダーウィンフィンチ類とよばれるグループの鳥がいます。ダーウィンフィンチ類はいろいろな形をした約20の種に分かれていますが、おもしろいことに、これらは同じ共通祖先から短い時間で枝分かれしたものです。

ダーウィンフィンチ類は、種によってちがう環境を利用して、ちがうものを食べています。利用するエサに応じて異なる自然選択を受けた結果、祖先では同じ形だったクチバシは、種ごとにそのエサによく対応する形になっています。たとえば、大きく太いクチバシはかたい種子をくだくのに適しており、細いクチバシは昆虫をつかまえるのに適しています。このように、**あるグループが特定の環境を利用することを「ニッチ（生態的地位）を占める」**と表現します。

この例のように、短い時間で1つの共通祖先からさまざまなニッチへの進出が起こり、その子孫が多様化することは、**適応放散**とよばれます。

昆虫をおもなエサとするムシクイフィンチ

大きな種子をくだいて食べるのに適したクチバシをもつオオガラパゴスフィンチ

サボテンの花や果実などを食べるサボテンフィンチ

「ダーウィンフィンチ類」って名前、なにかダーウィンと関係あるの？

この鳥たちの標本を最初にイギリスにもち帰ったのがダーウィンなんだよ。若き日のダーウィンは、ビーグル号に乗ってガラパゴス諸島にやってきたんだ

進化は偶然に起こることもある！

ここまで、いくつかの例をあげながら自然選択について説明してきました。では、自然選択で生物の進化はすべて説明できるのでしょうか？

実際には、自然選択以外のしくみも大事です。ときには、偶然によって進化が起きることもあるのです。

偶然による進化のしくみとして、遺伝的浮動があります。これは、**まったくの偶然によって、生物集団のなかで、ある遺伝する特徴をもっている個体の割合が変化すること**をいいます。

とくに、集団の個体数が少ない場合に、遺伝的浮動の効果は強くなります。逆に個体数が十分多ければ偶然の効果は弱くなり、自然選択の効果が強くなります。

進化の要因は自然選択だけじゃないんだね

遺伝的浮動が大きな影響をもたらす例として、ボトルネック効果が知られています。ボトルネック効果とは、**なんらかの理由で個体数が激減することで、遺伝する特徴の構成割合が大きく変わったり、多様性が減少したりすること**です。

もとの集団から、びんの細い首（ボトルネック）を通るかのように少数

の個体だけが生き残ることから、こうよばれます。

　ボトルネック効果は、絶滅危惧種の保全で問題になることがあります。いったん個体数が激減してしまうと、たとえそのあとで個体数が回復したとしても、もとの多様性は失われてしまうのです。

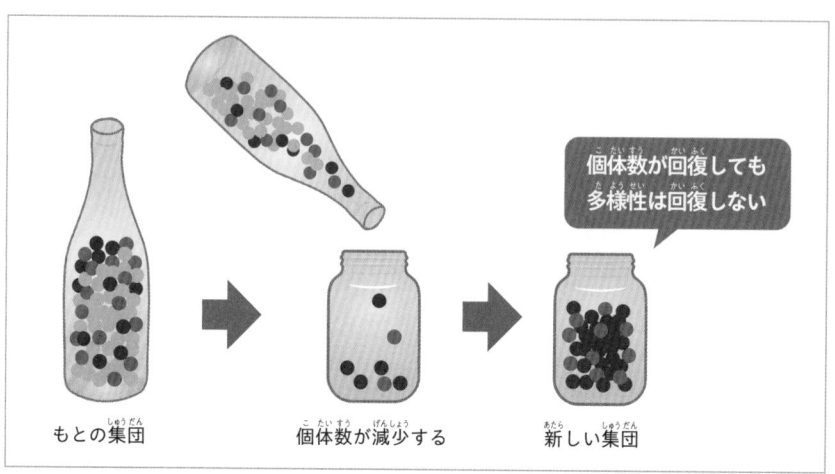

個体数が回復しても
多様性は回復しない

もとの集団　　　　　　個体数が減少する　　　　　　新しい集団

　もとの集団から一部の個体が別の土地に移りすむことなどで、分かれて新しい小さな集団ができる際にも、遺伝的浮動の効果は大きくなります。こうした理由で遺伝する特徴の構成割合が大きく変わったり、多様性が減少したりすることを、創始者効果といいます。

遺伝する特徴、しない特徴

　ここまでは遺伝する特徴のことを考えてきましたが、生物の特徴は遺伝するものばかりではありません。たとえば、わたしたちがたくさん筋トレをすれば、筋肉は大きくなります。しかし、どれだけきたえても増えた筋肉が子どもに遺伝することはありません。

　同じ個体であっても、環境に応じて特徴が変わることを表現型可塑性と

いいます。なかにはまるで別種のようにちがう姿をとるにもかかわらず、その特徴が遺伝するわけではない場合もあります。

　たとえば、エゾサンショウウオの幼生には、頭の大きな個体と小さな個体の2パターンが見られます。「頭でっかち」な幼生は、ほかのエゾサンショウウオの幼生や、カエルのオタマジャクシがたくさんいる環境で見られます。この大きな頭は、近い体格のサンショウウオの幼生やオタマジャクシといった大きなエサを食べるのに適しています。

　この変化は遺伝的なものではないので、頭でっかちなサンショウウオが成長して産んだ卵からかえった幼生が頭でっかちになるとは限りません。**環境によって、小さな頭の幼生になったり、頭でっかちな幼生になったりする**のです。

　ただし、サンショウウオの頭が大きいか小さいかは、遺伝的なものではないといっても、そのような変化が起こるという性質自体は遺伝的に決まっています。「環境に応じて大きく姿を変える」という性質は、自然選択によって進化したものです。

頭の大きさが異なる
エゾサンショウウオの幼生

生物の進化に「目的」はない

「キリンの首は、高いところの葉を食べるために長くなった」

「キリンの首が長いのは、高いところの葉を食べるためだ」

　こんなふうに、まるでその生物自身が目的をもって変化したり、あるいは生物がなにものかの設計によって目的にあうようにつくられたりしたかのような説明を目にすることがあります。

　しかし、このようなとらえ方は進化生物学的な観点からすると、正しくありません。キリンの長い首は、「高いところの葉を食べる」という目的があって進化したわけではないのです。ただ、「生存に有利な個体」が生き残り、結果として首の長い生物に進化したというだけなのです。キリン自身が高いところの葉を食べるという目的を達成するために首をのばすという進化をしたわけでも、だれかがキリンの首をのばして高いところの葉を食べやすくしたわけでもありません。

　キリンの例なら、「ほかの個体よりも首の長い個体は、より高いところの葉を食べることができ、生存に有利だった。その結果、首の長い個体がより多くの子どもを残し、次の世代では首の長い個体が増えた。この過程をくりかえすうちに、全体として首の長い動物になった」というのが、進化生物学的に正しい表現です。ちょっと長すぎる文章に思えるかもしれませんが、正確に表現するにはこれくらいの説明は必要になるのです。

　短く「キリンの長い首は、高いところの葉を食べることができて適応的」と表現することもできますが、それには聞き手が「適応的」という言葉の意味を理解している必要があります。そして「適応的」という言葉の意味を説明するには、やはりある程度、長い文章が必要なのです。

　同じように、「生物の目的は種の保存」という説明も、よく見られる誤解です。さきほども述べたように、生物の進化に目的はありません。また、

現在の進化学では、自然選択によって残るのは、基本的に「子孫を残しやすい種」ではなく「子孫を残しやすい個体」であると考えられています。自分を犠牲にして同種の他個体を助けるような特徴は進化しにくく、逆に、同種の他個体に対して害があっても、自分の子孫を残しやすくなるような特徴は進化しやすいのです。たとえば、59ページのエゾサンショウウオの例や72ページのライオンの子殺しの例では、同じ種の他個体を殺して自分の子孫を多く残す特徴が適応的です。

　進化を説明するときに生物を擬人化するのも、進化に目的や意図があるような印象を与える場合があるので、気をつける必要があります。また、ある生物において進化的に適応的な性質が、人間社会において何が正しいかやどう行動するべきかの手がかりになるわけではありません。たとえば、進化生物学的には、子どもを産まず子孫をまったく残さないことは明らかに不利です。一方で、わたしたちの人間社会では、子どもを増やしたほうが進化生物学的に有利だからといって、子どもを産まなければいけないというわけではありません。

　わたしたちはふだん、なんらかの目的をもって行動することが多いです。身のまわりにあふれている人工物の多くも、なんらかの目的をもって、それに適した形や性質をもつようにつくられています。ですから、「〇〇は××のために△△である」という表現はごく自然に聞こえますし、逆に進化生物学的に正確な表現はまわりくどく感じるのでしょう。それゆえに、つい、「キリンの首は、高いところの葉を食べるために長くなった」といった表現をしたくなってしまうのかもしれません。しかし、科学的に考えるためには、そうした思考のクセにとらわれないことが大切です。目的などなく、ただ結果としてそうなった――それが生物の進化であり、おもしろさの要因の１つでもあるのです。生物の進化を考えるときは、このことをしっかり心にとめておいていただけたらと思います。

クジャクのメス（写真手前）とオス（奥）

第4章

性と進化

どうしてクジャクの羽は派手なの？

第3章では、生物の進化には自然選択が大きな役割を果たしていることを学びました。そのことをふまえると、オスのクジャクがもつ目立つ羽は、天敵にも見つかりやすく一見生き残るのには不利そうで、自然選択では説明がむずかしいように感じます。いったいこれは、どういうことなのでしょう？　この章では、生物の性がもたらすおもしろい進化現象を紹介します。

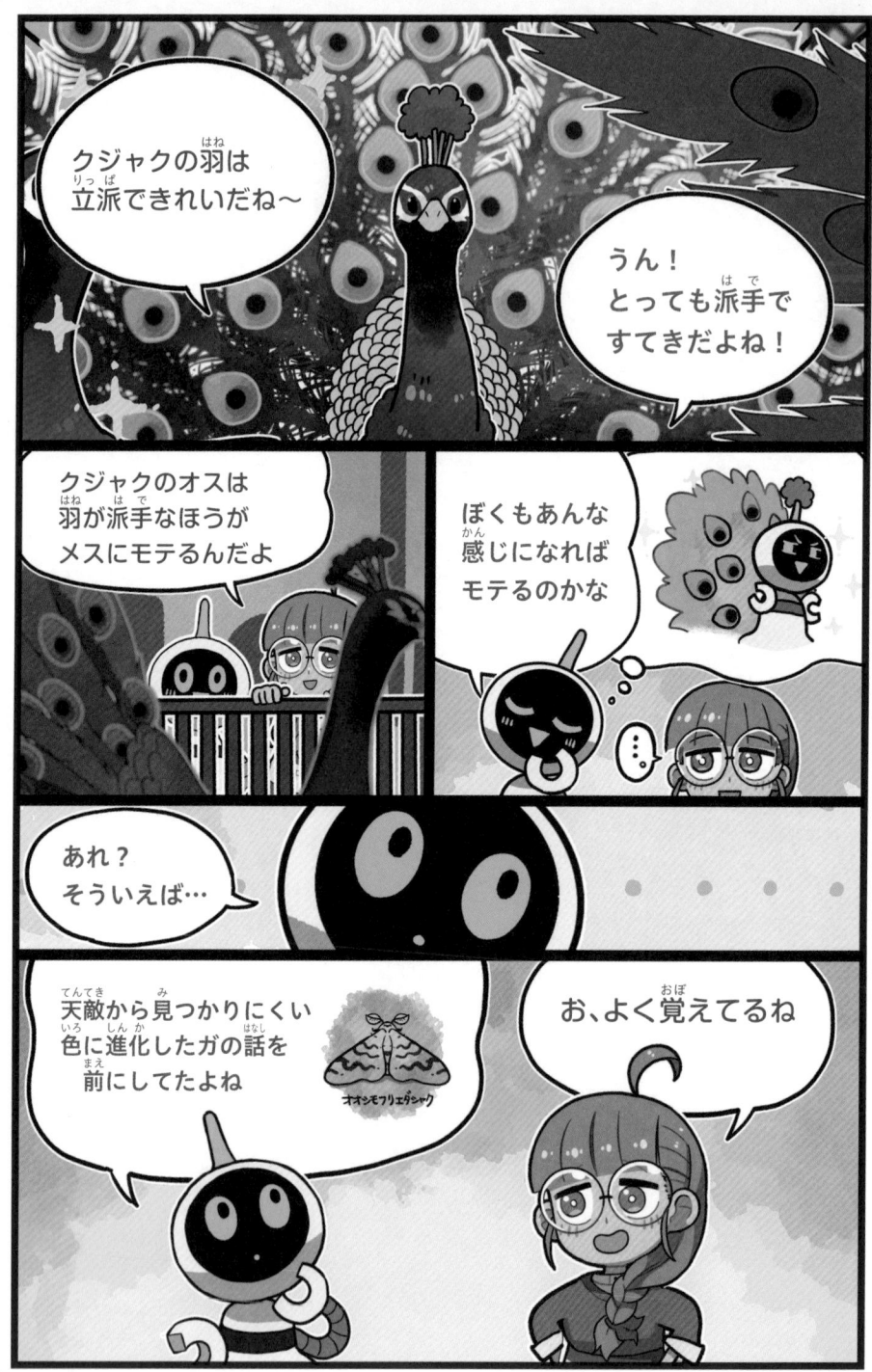

どうしてクジャクの羽は派手なの？

　オスのクジャクは見事な飾り羽をもっています。この飾り羽は見るからに目立ち、空を飛ぶには邪魔そうに見えます。これではすぐに天敵に見つかって食べられてしまい、子孫を残しにくそうです。

　そう考えると、きれいな羽をもつクジャクがなぜ進化したかを自然選択で説明するのはむずかしそうに思えます。では、どうしてオスのクジャクの羽はこんなに派手になったのでしょうか？

　その理由は、以下のように説明できます。

①羽が「派手なオス」と「地味なオス」からなる集団がある。
②メスが、羽がより派手なオスのほうを繁殖相手に選ぶ傾向がある。
③その結果、羽が派手なオスのほうが、より多くの子孫を残す。
④羽の派手さが遺伝し、次の世代では羽が派手なオスが増える。
⑤世代の交代を重ねるうちに、羽がより派手なオスが多い集団になる。

派手なオスと地味なオスがいた

派手なオスがメスに選ばれ、より多くの子孫を残した

その結果、より派手なオスが増えていった

このように、**ある特徴をもっているほうが、ほかの同性とくらべて繁殖相手を得やすいことにより、世代を重ねるにつれて集団のなかにその特徴をもった個体が多くなる**しくみを性選択とよびます。

クジャクの例では、派手な羽をもっているのはオスのクジャクだけで、メスの羽は地味です。このように、性選択によりオスとメスが異なる特徴をもつ性的二型が進化する場合があります。

ANSWER

派手な羽をもつオスのクジャクがメスに好まれ、より多くの子孫を残したから。

「メスにモテるために美しい羽が進化した」という説明を見かけることがありますが、あたかも「モテるため」という目的をもって体を変化させたような表現は進化の説明として適切ではありません。

COLUMN

ダーウィンを
なやませたクジャク

性選択を最初に考えたのはダーウィンです。ダーウィンは、自然選択では一見生存に不利に思えるクジャクの派手な羽が、なぜ進化したのかを説明できないことに大いになやみました。そして、これを説明するために性選択の研究を発展させました。ダーウィンは手紙で、「クジャクのしっぽの羽を見るといつでも、気分が悪くなる」という文章を残しています。

なぜメスは派手なオスを好む？

　メスのクジャクに「派手なオスを好む」という好みが生まれたのは、どうしてなのでしょうか？

　これを説明する仮説は多数考えられていますが、そのうちどれが大きな役割を果たすのかについては、現在でも議論がつづいています。ここでは、おもな2つの仮説を紹介します。

仮説1　ランナウェイ過程

　最初になんらかの理由で、クジャクのメスが派手なオスを選ぶ傾向があるだけで、世代を重ねるにつれこの好みが増強される可能性が指摘されています。このような過程を、ランナウェイ（暴走）過程とよびます。

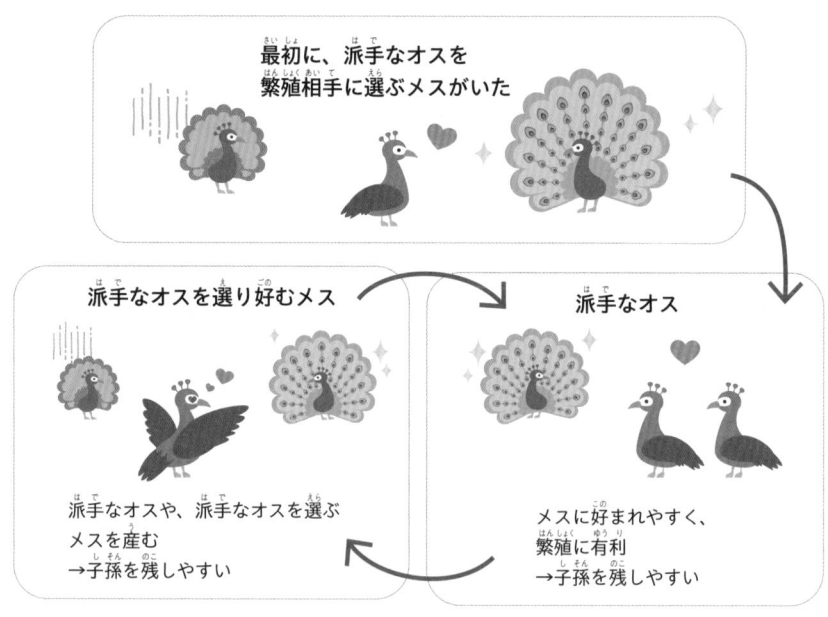

最初に、派手なオスを
繁殖相手に選ぶメスがいた

派手なオスを選り好むメス

派手なオスや、派手なオスを選ぶ
メスを産む
→子孫を残しやすい

派手なオス

メスに好まれやすく、
繁殖に有利
→子孫を残しやすい

①クジャクのメスが派手なオスを繁殖相手として選ぶ傾向がある。

②オスに注目すると、派手なオスのほうがメスに好まれやすいために繁殖に有利になり、より多くの子孫を残す。

③メスに注目すると、より派手なオスを選り好むメスのほうが、メスに好まれやすい派手なオスや、派手なオスを選り好むメスを産むため、子孫を残しやすい。

④その結果、世代を重ねるにつれて、オスはより派手になり、メスはより派手なオスを選ぶようになる。

仮説2　派手な装飾は、すぐれた個体であることを伝えるサイン

　羽が派手なオスほどすぐれている傾向があれば、派手なオスを好むメスのほうが子孫を残しやすくなり、メスに派手なオスを好む傾向が生まれると考えられます。

　かんたんに説明すると、派手な装飾をもつことにコストがかかり、しかも、よりすぐれたオスのほうが低いコストで派手な装飾をもてる、といった状況下では、派手な装飾はすぐれた個体であることを伝えるサインになりうることが指摘されています。

メスをめぐるオスどうしの戦い

　クジャクの場合、**異性による選り好みによって性選択が起こります**。これを異性間選択といいます。一方で、異性が直接選ばなくても、性選択が起こる場合もあります。シカは、オスどうしがメスをめぐる戦いをくり広げます。そのため、性選択の結果、オスのみがこうした戦いで使われる角をもっています。このように、**同性どうしの競争により性選択が起こる**ことを、同性間選択といいます。ある特徴が異性に好まれるわけでなくても、その特徴によって同性間の戦いで有利になるのなら、性選択は起こるのです。

角を使って争うオスのニホンジカ

QUIZ1
―クイズ―

　シカのなかでもトナカイだけは、一部のメスも角をもっています。これは、雪の多い地域に生息するトナカイの生態と関係しています。いったい、メスのトナカイは角をなにに使うのでしょう?

メスのトナカイ

　オスのトナカイは、発情期が終わると角を落とすので、冬には角がありません。一方で、一部のメスのトナカイには、冬に角が生えています。
　トナカイは冬のあいだ、あつく積もった雪の下から掘り起こさなければエサにありつけないため、エサ場が限られます。そのため、メスのトナカイは、

70

角がないオスをエサ場から追い出して貴重なエサを得るのに角を使っていると考えられています。実際、雪が多い地域のトナカイほど、角をもっているメスの割合が高いことが知られています。

Quiz1 の答え エサ場からオスを追い出し、貴重なエサを得るのに使う。

メスのほうが派手になることもある

ここまでオスが強い性選択にさらされる例をあげてきましたが、メスのほうが強い性選択にさらされる場合も、少ないながら存在します。たとえば、アカエリヒレアシシギはメスのほうが赤い羽毛に覆われた部分が多く、目立つ姿をしています。この種ではメスが多数のオスと交尾し、オスがヒナを育てます。

アカエリヒレアシシギ。左がオス、右がメス

ライオンの子殺しは、
なぜおこなわれる？

「獅子の子落とし」という言葉があります。「獅子（ライオン）はわが子を谷に突き落としてきたえる」という言い伝えからきた、「子どもにあえてきびしい道を歩ませて経験をつませる」といった意味の言葉です。実際にはそのような習性はありませんが、おとなのオスが子どものライオンを殺す

行動はよく知られています。どうしてそんなことをするのでしょうか？

　ライオンは群れで暮らす動物で、多数のおとなのメス・少数のおとなのオス・子どもからなる群れを形成します。オスは成長すると生まれた群れを離れ、数頭のオスのグループで行動します。この「放浪」のオスはときどき、メスのいる群れのオスを打ち負かして追い出し、群れに加わります。

　子殺しが起こるのはこのときです。ここでオスが殺す子どもは、ほかのオスと群れのメスとの子です。群れにやってきた新参者のオスにとって、自分の子ではない子どもライオンを殺して、早く群れのメスに自分の子を産んでもらうことが適応的になるのです。そのため、「子どもを殺す」という一見おどろくような行動が進化してきたのです。第3章のコラム（→60ページ）で書いたように、「生物の目的は種の保存」というのは誤りです。同じ種の

子殺しをするオスのライオン（左）と、それに抵抗するメス（右）

子どもを殺す行動は、「種の保存」という観点では説明できませんが、進化の観点からすれば合理的なのです。

　一方、メスは子殺しに抵抗することが知られています。メスにとっては、自分の子を殺されてしまうと、残せる子孫の数が少なくなります。とはいえ、オスに立ち向かうのはリスクがあり、メス自身が死んだり傷ついたりしてしまう可能性もあります。

　群れのオスが交代するときには、多くの場合は子殺しが発生しますが、メスの抵抗が成功して子殺しが回避されることもあります。

オスとメスの対立

有性生殖では、**オスメスで利害が対立する**場合があります。このよう

な対立を性的対立といいます。ライオンの子殺しも、その一例です。オスにとっては、群れにもともといた子どもライオンを殺すことは自分の子孫を増やすのに有利になりますが、メスにとっては不利になるわけです。

　また、オスとメスの繁殖戦略のちがいから生まれる性的対立もあります。オスは交尾相手のメスの数が多いほど子どもをたくさん残すことができ、適応度が高くなります。一方で、メスが一生のあいだに残せる子の数には限りがあり、交尾回数がある程度を超えるとかえって適応度が低下します。このとき、オスにとっての最適な交尾回数とメスにとっての最適な交尾回数が食いちがい、性的対立が生じます。

オスとメスが生まれる割合が同じくらいなのはどうして？

　オスとメスが存在している生物では、多くの場合、オスとメスがほぼ同じ割合で生まれてきます。どうしてそうなるのでしょうか？

　いいかえると、「オスもメスも同じくらい産む」という性質が多くの生物で進化してきたのはなぜでしょうか？

　オスとメスが同じくらいの割合で生まれるというのは一見あたりまえのように思えるかもしれません。でも、実は理由があるのです。

　ここで、親が産む子どもの性別の割合にばらつきがある状況を考えてみましょう。メスが残せる子の数には限りがありますが、オスはたくさんのメスと交尾すればたくさんの子を残せます。

　まわりにメスがたくさんいる場合、自分だけがオスをたくさん産めば、孫の数は多くなるはずです。そうすると、オスをたくさん産む性質が有利になり、次の世代ではオスが多くなります。

　ところが、集団に「オスをたくさん産む性質をもつメス」が多くなると、集団内のオスの割合が増え、メスは少なくなります。そうなると、交尾に

成功するオスが減り、「オスをたくさん産んでも、孫の数はあまり多くならない」という状況になってしまいます。そして、確実に交尾して子を残せるメスを産んだほうが、孫の数が多くなり、しだいにメスを多く産む特徴が集団に広がっていきます。

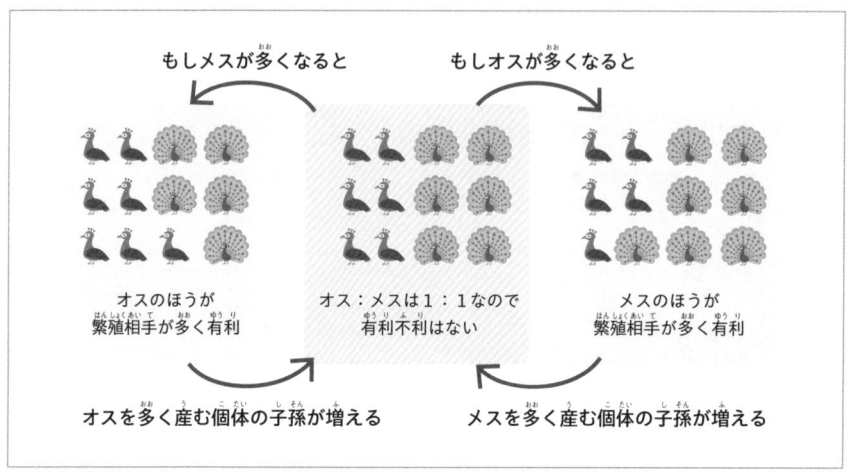

もしメスが多くなると　　　　もしオスが多くなると

オスのほうが
繁殖相手が多く有利

オス：メスは１：１なので
有利不利はない

メスのほうが
繁殖相手が多く有利

オスを多く産む個体の子孫が増える　　　メスを多く産む個体の子孫が増える

　このように、集団にメスが多ければオスをたくさん産むほうが、オスが多ければメスをたくさん産むほうが有利になります。オスとメスの比率が１：１からはずれると、１：１に戻るような自然選択がはたらくため、長い時間がたつうちに、**ちょうどオスとメスの割合が半分ずつくらいの状態に落ち着く**のです。

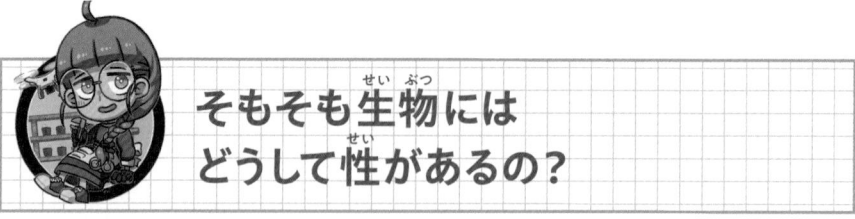

そもそも生物には
どうして性があるの？

　そもそもなぜ生物には、オス・メスという性があるのでしょう？　わざわざオスとメスに分かれて子どもを産むより、交配せずに１個体で子どもを

産むほうが、子孫を残しやすくなりそうなものです。しかし、実際には地球上には性をもっている生物が多くいます。ということは、なにか**性があるほうがいい理由**があるはずです。

　実はこの問題はとてもむずかしく、今も議論がつづいています。これまで、「性があると、どのようなメリットがあるか」については、たくさんの仮説が提唱されてきました。

　たとえば、**性があることで、有利な形質を組みあわせられるようになる**という説があります。あるところに「首が長いキリン」と、「足が速いキリン」がいたとします。性があって、両親から特徴を受けつぐことができれば、この２匹が交配することで「首が長く、足も速いキリン」が生まれてくるかもしれません。また、**不利な形質が減りやすくなることが、性のメリット**だという考え方もできます。「首は長いが、足は遅いキリン」がいたとします。そのキリンが「足が速いキリン」と交配すれば、「首が長く、足も速いキリン」が生まれるかもしれません。自分ひとりで子孫を増やすのでは、こんなふうに両親のいいとこどりをした子が生まれてくることはありません。そのため、いくつもの有利な特徴が組みあわさる可能性はずっと少なくなってしまいます。不利な特徴が出てきたときも、そのままになってしまうでしょう。

　この章でとり上げたのは動物だけですが、性や性に似たしくみは、ほかの生物でも見られます。たとえば、植物には動物と似た形で性をもつものが多くいます（→第７章）。

　一方、目に見えないほど小さな生物である細菌は動物のような性はもたず、「１つの個体が２つに分かれる」という増え方しかしません。そのため、動物のように、両親の性質が混ざった子が生まれてくることはありません。それでも、細菌は外からDNA（→第10章）をとりこんだり、DNAを個体間で受けわたしたりすることができます。それによって、いくつもの有利な特徴のいいとこどりができたり、進化が速く進んだりすると考えられています。

第5章

収斂進化

サボテンではないものは どれ？

ときとして、まったくちがう系統の生物なのに、そっくりな形に進化することがあります。これを「収斂進化」とよびます。この章では、さまざまな収斂進化を紹介します。

こんなところにお花屋さんができたんだ！

ホントだね！ちょっと見ていこうよ～

この棚は変わった植物が多いね

多肉植物のコーナーだね

多肉植物？

ぶあつい茎や葉に水をたくわえる植物のことだよ

乾燥した地域に多いんだ

うーんどれもこれもヘンテコな形だなぁ

どんな祖先から進化したのか全然想像がつかないや…

いいところに目をつけたねー！
実はその２つ、祖先は全然ちがうんだ

えっ!?
こんなにヘンテコでそっくりなのに？

正真正銘の
サボテンだよ

これは
「キメンカク」
サボテン科の
植物だよ

鬼面角

「ユーフォルビア・ホリダ」はこっちに近いんだ

ええ～っ！
全然似てない！

トウダイグサ

実はサボテンじゃない

こっちは
「ユーフォルビア・ホリダ」
トウダイグサ属
の植物だよ

ユーフォルビア
ホリダ

祖先のちがう
生物が
似たような形に
進化することを
「収斂進化」
っていうんだ

似ている生物でも
近いなかまとは
限らないんだね

サボテンではない
ものはどれ？

　砂漠に生えている太い茎でトゲトゲした植物といえば、まずサボテンを思い浮かべる人が多いのではないでしょうか？※　この章の最初に出てきた①〜④の写真は、どれも一見サボテンのようですが、実は1つだけちがうものが混じっています。それは①です。①だけはトウダイグサ属にふくまれるユーフォルビア・ホリダ（*Euphorbia horrida*）という植物で、サボテンとはまったく異なる系統から、サボテンにそっくりな形に進化したのです。

収斂進化

②③④　　　モクキリン　　　トウダイグサ　　　①

サボテン科　　　　　トウダイグサ属

　サボテンはアメリカ大陸以外にはほとんど自然に分布していませんが、トウダイグサ属は世界中に広く分布しています。トウダイグサ属は、サボテンのトゲのつけ根に見られる「刺座」とよばれる毛のようなものがはえた構造をもっていないことから、サボテンと区別することができます。
　トウダイグサ属の植物は、サボテンのような見た目をしていないものも多

いのですが、とくにアフリカ南部の乾燥地帯では、太い茎でトゲトゲした見た目のものがたくさん見られます。

赤矢印で示した毛のようなものがはえた構造が刺座

キメンカク

トウダイグサ属には刺座がない

ユーフォルビア・ホリダ

　では、どうしてこの植物とサボテンはそっくりな形に進化したのでしょう？

　それは、②③④のようなサボテンの祖先も、①のユーフォルビア・ホリダの祖先も、乾燥した環境下で水分をたくわえる太い茎と、外敵を遠ざけるトゲをもっているほうが子孫を多く残せたからです。

　つまり、**2つの系統が似た環境に生息した結果、同じような自然選択を受けて、結果的に似た形に進化した**のです。このように、まったく異なる系統で、似たような特徴を獲得する進化が起こることは、収斂進化とよばれます。

ANSWER

① トウダイグサ属のユーフォルビア・ホリダ。この植物とサボテンは、収斂進化により似た形に進化している。

※　サボテンのなかにも、茎が細い種やトゲが目立たない種もいます。

QUIZ 1
―クイズ―

以下の4つは、どれも名前に「カニ」とついていますが、1匹だけ、真のカニ（短尾下目）ではありません。それはどれでしょう?

① タラバガニ

② ズワイガニ

③ ケガニ

④ タカアシガニ

みんな、おいしそうなカニに見えるけど

ヒントは、見えているあしの数だよ

　実は①のタラバガニはカニではなく、ヤドカリのなかまです。タラバガニもカニも、はさみをふくめて5対10本のあしをもっていますが、タラバガニではそのうち1対2本がおなか側にたたみこまれてかくれています。このため、あしの本数に注目すると、真のカニと見分けられます。タラバガニと真のカニは、姿形がよく似ており、収斂進化しているといえます。

QUIZ1 の答え　①

82

泳ぐ動物の収斂進化
──イルカとサメはなぜ似ている？

QUIZ2 ── クイズ ──　イルカとサメとエイ、なかまはずれはどれでしょう？

①
ミナミハンドウイルカ

②
アオザメ

③
ルリホシエイ

　ひらたい形で海底にすむ③エイと異なり、①ハンドウイルカと②アオザメは、どちらもヒレを使って海のなかを高速で泳ぐ動物で、効率的に海で泳ぐのに適した流線形をしています。
　一見似た生物に思えるハンドウイルカとアオザメですが、実はこの2つは、進化の歴史を考えるとまったくちがいます。
　アオザメは、ほかのサメやエイとともに、軟骨魚類という魚のなかまです。一方でイルカをふくむクジラのなかまは哺乳類で、イノシシやウシ、カバをふくむ偶蹄類に属します。クジラのなかまの祖先は、4本のあしで地上を歩く陸生哺乳類でした。イルカとサメの形が似ているのも、収斂進化の例なのです。

83

QUIZ2 の答え	① サメとエイは軟骨魚類だが、イルカは哺乳類。イルカとサメが似ているのは、収斂進化による。

色が似る進化

QUIZ3 83ページの写真のように、イルカとサメは色の配置がよく似ています。なぜ、こうなったのでしょう?

　イルカとサメの多くの種では、背側が灰色、腹側が白色です。

　海の動物には、ほかにも、下の写真のようにマグロ・イワシ・サンマ・サバなどの魚やペンギンなど、背側が暗い色で腹側が明るい色のものが多く見られます。これは、**カウンターシェーディング**とよばれ、**海を泳いでいるときに目立ちにくい配色**なのです。

　背側から、つまり上から見られているときは、まわりは海の色です。そのため、背中が海の色と似た暗い色だと目立ちにくくなります。

　では逆に、腹側から見られているときはどうなるでしょう?　下から見られているときは、空から太陽が差しこむことでまわりは明るい色に見えます。ですから、おなかの色は太陽光に溶けこみやすい明るい色だと目立ちにくくなります。

マグロ属の一種

コウテイペンギン

カウンターシェーディングにより目立ちにくい個体のほうが子孫を残しやすかったため、多くの海の生物が収斂進化で同じような色に進化したのです。

Quiz3 の答え イルカとサメの両方で、海のなかで目立たないカウンターシェーディングが適応的だったから。

背側が暗い色で腹側が明るい色の海の動物が多いのは、そういうわけだったんだ！

そう！　収斂進化で同じような色になったんだね

イルカやサメにそっくりな絶滅爬虫類、魚竜

実は爬虫類のなかまにも、4本あしで地上を歩いた祖先から、イルカやサメのような形に進化し、海で生活した絶滅生物がいました。それが魚竜です。

魚竜は、約2億5000万年前から9000万年前にかけて繁栄した爬虫類のなかまで、前あし・後あし・しっぽのそれぞれがヒレになっています。魚竜もまた、イルカとサメのような形に収斂進化しているのです。

魚竜の復元画

生物は祖先の特徴を引きつぐ

イルカの尾びれが、魚竜やサメとはちがう向きなのは
なぜでしょう?

イルカ：尾びれが横向き　　魚竜：尾びれがたて向き　　サメ：尾びれがたて向き

　収斂進化が起こっているとはいっても、まったく同じ形になるわけでは
ありません。たとえばイルカと魚竜では、尾びれの向きが異なります。イ
ルカでは尾びれが横向きなのに対して、魚竜やサメではたて向きです。
　実はこのちがいは、魚竜やサメと、イルカの泳ぎ方のちがいに対応して
います。尾びれがたて向きの場合、体を左右に動かしたときに効率よく水
に力が伝わります。一方で、尾びれが横向きの場合には、体を上下に動か
したときに効率よく水に力が伝わります。魚竜やサメは体を左右に動かし
て泳ぎますが、イルカは体を上下に動かして泳ぎます。それぞれの泳ぎ方
に対応して、ちがう向きのヒレが進化したのです。
　では、なぜイルカと魚竜・サメでは泳ぎ方がちがうのでしょうか?　こ
れは、イルカ・魚竜・サメのそれぞれが、祖先の動きを受けついでいるか
らです。
　イルカが属する哺乳類の体は、左右より上下によく曲がります。ヒトも
哺乳類なので、体を前後に曲げるほうが、左右に曲げるよりも大きく曲げ
ることができます（ヒトの前後の動きは、ほかの哺乳類の上下の動きに対

応します)。イルカの祖先でも、体は左右より上下によく曲がったので、横向きのヒレのほうが泳ぐのに適していたのです。

　一方で、魚竜の祖先にあたる爬虫類や、サメの祖先の魚では、体は上下より左右によく曲がりました。その結果、体の動きに対応してたて向きのヒレが進化しました。

　それぞれ祖先の特徴はしっかり引きつがれており、それを反映した進化が起きているのです。

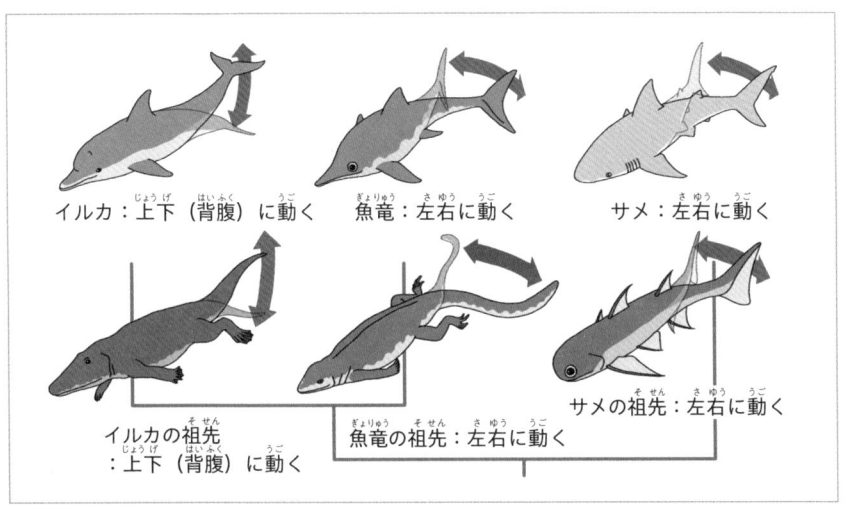

イルカ：上下（背腹）に動く　　魚竜：左右に動く　　サメ：左右に動く

イルカの祖先：上下（背腹）に動く　　魚竜の祖先：左右に動く　　サメの祖先：左右に動く

Quiz4 の答え
体が上下に曲がりやすい祖先から進化したイルカでは、横向きの尾びれのほうが泳ぐのに適していた。それに対して、体が左右に曲がりやすい祖先から進化した魚竜やサメでは、たて向きの尾びれのほうが泳ぐのに適していた。

 イルカの動きとヒトの動きが関係しているなんて、びっくり！

形はちがっても、同じ祖先の特徴を引きついでいるんだね

ちがうグループなのに
そっくりに進化した哺乳類

収斂進化がたくさん起こったおもしろい例として、哺乳類があげられます。現生の哺乳類を大きく分けると、有胎盤類、有袋類、単孔類という3つのグループに分けることができます。

有胎盤類は3つのなかでも圧倒的に種の多いグループです。わたしたちヒトも属するグループで、胎盤という器官をもっています。

一方、有袋類はカンガルーやコアラなどが属するグループです。発達した胎盤をもたず、多くは育児嚢とよばれる袋で子育てをします。

有袋類は有胎盤類が繁栄しはじめるより前に、さまざまな大陸で繁栄していたようです。有袋類が広く分布していたころの地球では、南アメリカ大陸、南極大陸、オーストラリア大陸は陸つづきで、どの土地にも有袋類が生息していました。しかし、その後の大陸移動によって、オーストラリア大陸はほかの大陸から切り離されます。

大陸の孤立後、オーストラリア大陸の外では有胎盤類が繁栄しはじめます。有胎盤類は有袋類と競合し、結果として有袋類は多くが絶滅していきました。

しかし、海でへだてられたオーストラリア大陸では、有胎盤類の流入がほとんどなく、多様な有袋類が生存しつづけました。結果として、現在ではほとんどの有袋類がオーストラリア大陸のみに生息しており、さまざまな生息環境に適応した有袋類の姿を見ることができます。

有胎盤類と有袋類には、たがいに姿が似たものが存在しています。右の写真のようにオオカミにそっくりなフクロオオカミ、モモンガにそっくりなフクロモモンガ、キンモグラやモグラにそっくりなフクロモグラなど、たくさんの例をあげることができます。

有胎盤類のオオカミは大型の肉食動物で、モモンガは木々のあいだを滑空し、キンモグラやモグラは地中で穴を掘って暮らす動物ですが、それら

に似た姿の有袋類たちも、それぞれ同じようなニッチ（→第3章）に進出しています。**有胎盤類と有袋類はちがう系統の哺乳類ですが、近いニッチに進出したものどうしは、収斂進化によりおどろくほどよく似た姿になった**のです。

有胎盤類	有袋類
オオカミ	フクロオオカミ
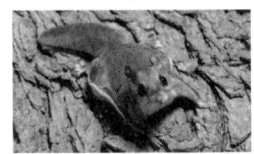アメリカモモンガ	フクロモモンガ
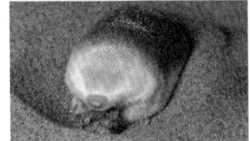サバクキンモグラ	フクロモグラ
ミナミコアリクイ	フクロアリクイ
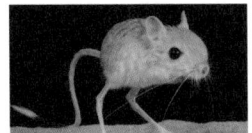ヒメミユビトビネズミ	フクロトビネズミ

第6章

相同

鳥の翼、チョウの翅、ヒトのうで、つくりが近いものはどれ？

第5章では、異なる祖先から進化したのにそっくりな生物を見てきました。逆に、同じ祖先から進化しても、まったく似つかない姿形になることもあります。この章では、進化の歴史を考えながら生物の器官をくらべてみましょう。

ネコの「前あし」と「後あし」がわたしたちの「うで」と「あし」に対応しているのはイメージしやすいよね

うんうん

ネコの後あしとヒトのあしはこういう対応関係にあるんだ

ネコの立ち方は人間でいうつま先立ちなんだね

そしてこれがヒトのうでの骨

鳥のはねはこんな感じに骨が通っているよ

居酒屋さんの手羽先で見たことがある形だ！

よく見るとたしかに似てる！

ロボが居酒屋行くのか…

逆に「鳥のはね」と「虫のはね」とでは成り立ちが全然ちがうんだよ

こういった体の構造の関係性は進化を調べるのにとても大切なんだ

鳥の翼、チョウの翅、ヒトのうで、つくりが近いものはどれ？

鳥は翼を使って空を飛びます。空を飛ぶ哺乳類であるコウモリにも翼がありますし、昆虫のチョウも翅を使って空を飛びます。空を飛ぶのに使われる器官は、一見すると似たような形をしています。

一方で、わたしたちの体には、空を飛ぶのに使われる器官はありません。ところが実は、進化の歴史を考えると、チョウの翅よりもヒトのうでのほうが、鳥の翼やコウモリの翼に近い器官なのです。いったいどういうことでしょうか？

このことを理解するために、まず相同について説明しましょう。**相同な器官とは、祖先で同じものだった器官のことをいいます**[※]。

鳥もヒトも、脊椎動物のなかの四足動物に属しています。四足動物はその名のとおり、祖先が4本のあしをもっていた動物で、鳥の翼もヒトのうでも、祖先の前あしに由来する器官です。つまり、鳥の翼とヒトのうででは相同な器官といえます。次ページの図を見ると、四足動物の前あしに由来する器官には、どれも対応する骨があることがわかります。

一見するとちがう形でも、骨を見ると納得だね

うん、よくわかる！

ANSWER

鳥の翼とヒトのうで。相同な器官なので、つくりが近い。

※この本では、歴史的相同概念のみ扱います。

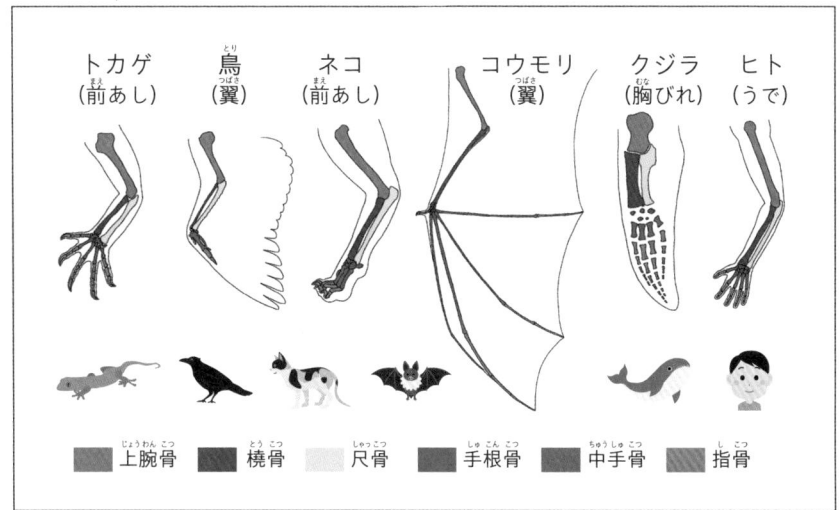

トカゲ　　　　鳥　　　　　ネコ　　　　　　　コウモリ　　　クジラ　　　ヒト
(前あし)　　　(翼)　　　(前あし)　　　　　　(翼)　　　(胸びれ)　　(うで)

上腕骨　　橈骨　　尺骨　　手根骨　　中手骨　　指骨

同じ「はね」でも、
チョウと鳥では起源が異なる

　QUIZ1　チョウの翅と鳥の翼が似ているのはなぜでしょう?

　　チョウは節足動物の昆虫類に属しており、その翅は鳥やコウモリの翼とはまったく異なる器官から進化したものです。ですから、チョウの翅と鳥の翼は相同ではありません。
　　でも、チョウの翅と鳥の翼は、空を飛ぶときに必要な力を発生させる器官であり、ひらたい形状をしているという点ではそっくりです。
　　このように、異なる系統で、似た機能や形状の器官が生まれる進化が起こっているので、チョウの翅と鳥の翼は収斂進化をしているといえます(→第5章)。

収斂進化により、相同ではない器官から、空を飛ぶのに使われる似た形状の器官が進化したから。

爬虫類のあごの関節とヒトの耳の骨の意外な関係

　鳥の翼とヒトのうでの相同性は、骨と骨を見くらべればすぐに納得できるような、わかりやすいものでした。しかし、かならずしもこのようなわかりやすいものばかりではありません。

　では、ある生物の器官と別の生物の器官が相同かどうかは、どのように調べればよいのでしょう？　ここでは耳小骨を例に説明していきます。

　わたしたちヒトをふくむ哺乳類の耳のなか、中耳という区画には、ツチ骨、キヌタ骨、アブミ骨という3つの小さな骨があります。これらの骨は耳小骨とよばれており、音による鼓膜の振動を内耳に伝えます。

　この耳小骨のうち、ツチ骨とキヌタ骨は、なんと爬虫類などのあごの関節（顎関節）をつくる骨と相同なのです。

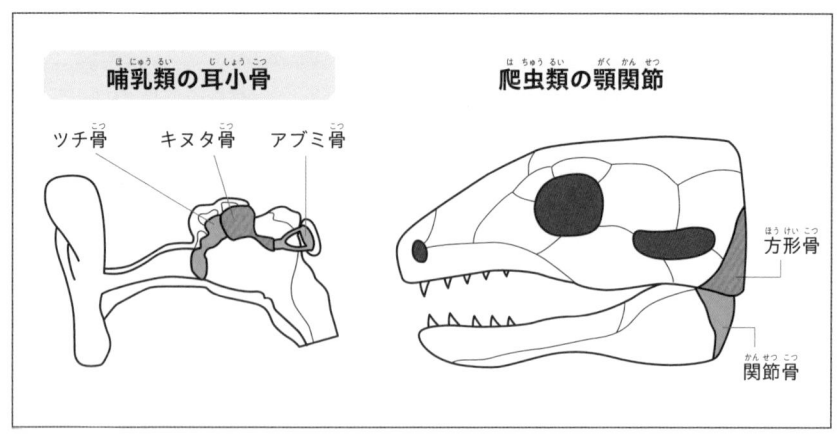

哺乳類の耳小骨

ツチ骨　キヌタ骨　アブミ骨

爬虫類の顎関節

方形骨

関節骨

※アブミ骨と相同な耳小柱はこの図では見えていません。

耳小骨と顎関節の骨のような、似ても似つかない骨どうしが相同だということをしめすには、いくつかの方法があります。

①形の観察

いちばんシンプルな方法は、**形を観察すること**です。鳥の翼とヒトのうでをくらべたときのように、パーツごとのつながりを観察したり、神経や筋肉のような、まわりの器官との位置関係を観察したりすることで、相同性についてのヒントを得ることができます。

哺乳類の耳小骨と爬虫類などの顎関節をつくる骨の形は、一見すると似ても似つかないものですが、そのならび方は共通しています。

②発生過程

発生とは、受精卵という1つの細胞から、その生物の形ができていく過程のことをいいます。**発生の過程を調べることで、相同性について大きなヒントを得ることができます。**

哺乳類の発生過程とほかの脊椎動物の発生過程をくらべると、耳小骨のツチ骨は、爬虫類などで顎関節をつくる関節骨と同じ部分からつくられることがわかります。このことから、ツチ骨と関節骨が相同だとわかるのです。

③化石

相同性について、直接的な情報をもっているのが化石記録です。

さまざまな時代の哺乳類の祖先の化石をくらべることで、はじめはあごの関節をつくっていた関節骨と方形骨が、ときとともにだんだんと耳のなかに移動し、ツチ骨とキヌタ骨に変化していく過程を観察することができます。

このように、複数の証拠を組みあわせることで、耳小骨と顎関節のような、一見すると似ても似つかないような器官どうしであっても、相同かどうかを確かめることができるのです。あごの関節をつくっていたはずの骨が、耳のなかで音を伝える骨に変化するなんて、進化ってすごいですね！

鳥の翼とコウモリの翼
これは相同？
それとも収斂？

　相同性（相同であること）について、もう少しふみこんでみましょう。

　鳥の翼とコウモリの翼は、どちらも「四足動物の前あしに由来する」という意味では相同です。

　しかし一方で、鳥とコウモリはそれぞれ別の、空を飛べない祖先から進化しました。翼をもつ共通の祖先から進化したわけではないのです。そういう意味では、鳥の翼とコウモリの翼は、翼としては相同ではなく、収斂進化により似た形になったといえます。実際、鳥の翼とコウモリの翼は、四足動物の前あしとしての構造は共通していますが、空を飛ぶときに使う翼としてくらべると異なる構造をもっています。

　このように、「ある器官どうしが相同かどうか」は、なにに注目するかで変わる、相対的なものだといえます。

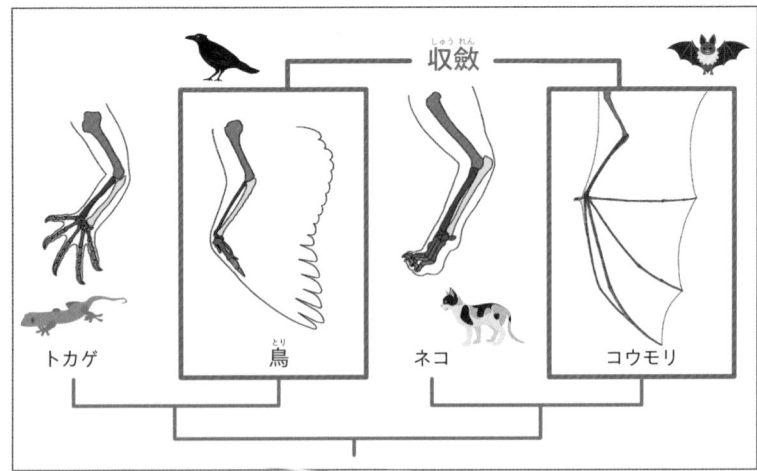

ヒトは母親のおなかの なかで進化をくりかえす？

「個体発生は、系統発生をくりかえす」

　この言葉を聞いたことがある人もいるかもしれません。個体発生は、受精卵からその生物が形づくられる過程（発生過程）のことです。一方、系統発生とは、生物が進化によって姿形を変えていく過程（進化過程）のことです。

　「個体発生は、系統発生をくりかえす」という言葉は、「受精卵からその生物の形がつくられる過程は、その生物の進化の歴史をくりかえしている」ということを主張しています。このような考え方を反復説とよびます。

　反復説にもとづけば、わたしたちは母親のおなかのなかで、祖先である魚やサルのような姿を経てきたということになります。本当でしょうか？ **これまでに反復説に対してはさまざまな反論がなされていて、現代の進化生物学や発生学ではそのまま受け入れられているものではありません。**

　一方で、発生過程と進化過程のあいだには深い関係があることも事実です。進化の過程で生物の姿が変わるということは、発生の過程にも変化が起こっているということですから、**発生の過程には進化にかんするさまざまな情報がふくまれています。**

　この章でも述べたように、ある生物のある器官と、別の生物のある器官が、発生の過程で同じ部分からつくられる場合、それらの器官が相同であることを強く示唆します。発生過程と進化過程のあいだの関係を研究する分野を進化発生生物学（エボデボ）といい、さかんに研究がおこなわれています。

第6章　鳥の翼、チョウの翅、ヒトのうで、つくりが近いものはどれ？

第7章

種間関係と進化

花に甘いミツがあるのはどうして？

花の甘いミツは、植物と動物とのかかわりあいのなかで、進化によって獲得された特徴です。多くの場合、生物どうしは深くかかわりあいながら生きており、それがときにおもしろい進化を引き起こします。この章では、ほかの生物とのかかわりあいのなかで起こった進化を紹介します。

オスとメスが交配をするのに使う器官、つまり植物にとって花は「生殖器」なんだ

生殖器！そう聞くとなんだか印象が変わる…

なるほど…甘いミツをもっているほうが子孫を残しやすいんだね

ミツだけじゃなく、花の色や形も虫に花粉がはこばれやすいような特徴が進化したんだよ

進化はほかの生物とのかかわりあいのなかで起こるんだね

おもしろい話ごちそうさまでした！

こちらこそ！ホットケーキごちそうさま！

花に甘いミツが あるのはどうして?

被子植物の花は繁殖に使われる器官です。おしべでつくられた花粉が、めしべの柱頭という部分に付着すると、受粉が起こります。受粉が起こると種子ができ、その種子から次の世代の植物が育つのです。

しかし、多くの花粉はめしべに到達することなく、むだになってしまいます。花以外の場所に落ちたり、昆虫に食べられたりすれば、受粉することはできません。また、ちがう種のめしべに付着しても、やはり受粉はできず、子孫を残せません。植物にとっては、より多くの花粉が受粉できるほど、より多くの種子、つまり子孫を残せるので、結果として**効率よく受粉できるような特徴が進化**します。

一部の種子植物では、受粉の過程で動物が関与する特徴が進化しました。たとえばミツバチやチョウ、コウモリといった特定の動物が花をおとずれることで、その動物の体におしべの花粉が付着します。その動物が再び同じ種の花をおとずれるときに、体についた花粉がめしべの柱頭に付着することで、受粉が起こるのです。

このようにして花粉をはこぶ(送粉する)動物のことを、送粉者とよびます。**多くの被子植物では、甘いミツなどの報酬を準備することで、栄養のあるミツを求める送粉者を効率よく引き寄せます**。こうした植物のミツをミツバチが集めたものが、ハチミツです。

ハチやチョウ、ハエ、コウチュウなどの昆虫をはじめ、鳥類、コウモリやサルなどの哺乳類や爬虫類まで、送粉者となる動物はさまざまです。これらの送粉者は体のサイズ、活動する場所や時間帯、見える色、感知できるにおいなど、種ごとにちがった特性をもっています。そのため、一部の植物は、特定の送粉者にとって認識しやすく利用しやすい色や形、においをもつ花をつけることで、より確実に受粉を起こすように進化しています。

花をおとずれるチョウ

花をおとずれるコウモリ

ANSWER

甘いミツをつくる花には動物が多くおとずれ、効率よく受粉が
起こり、多くの子孫を残せるから。

おたがいがいないと繁殖できない
イチジクとイチジクコバチ

　花と送粉者の関係がもっと密接になっていくと、いったいどうなるので
しょうか?　結果として、**「おたがいがいないと、どちらも存続できない」**
という段階まで進むことがあります。このような関係を絶対共生とよびます。
　絶対共生の例として、イチジク類とイチジクコバチ類があげられます。
イチジクは、多数の小さな花が袋状の構造の内側にびっしりならんで咲く、
花嚢とよばれるとても変わった構造をもちます。

花が内側にあったら、たいていの虫は
花にたどり着けないよね?

いい点に気づいたね。それが絶対共生に重要なんだ

受粉できる時期になると、イチジクは、送粉者となるイチジクコバチを誘引する物質を出します。誘引されたイチジクコバチのメスは、せまい入口に体をねじこんで花嚢のなかに入りこみます。

　花嚢のなかには、種子のもとになる部分である胚珠がたくさんあります。花嚢に侵入したメスは、一部の胚珠に卵を産みつけます。卵を産みつけられた花は、ふくらんで、虫こぶとよばれる構造になり、幼虫は虫こぶの内部を食べながら育ちます。一方イチジクは、メスのイチジクコバチが生まれ育った花嚢からはこんできた花粉によって受粉するのです。

イチジク類の花嚢

イチジク類の花嚢の断面

　イチジクの送粉者は、イチジクコバチだけです。イチジクにとっては、種子になるはずだった胚珠のうち、一部が虫こぶになってしまうという点は損ですが、そのかわり花粉がはこばれることにより利益を得ます。またイチジクコバチにとっても、産卵場所と幼虫のエサを確保することができます。イチジクはイチジクコバチがいなければ受粉ができず、イチジクコバチはイチジクがなければ子どもが育ちません。このように、イチジクとイチジクコバチは、おたがいがいないと繁殖ができないという密接な関係になっています。

　イチジク類は世界で数百種が知られていて、多くがそれぞれおおよそ決まった種のイチジクコバチ類とともに生きています。このような絶対共生の関係にある植物と送粉者の組みあわせとして、ほかにもユッカ類とユッカガ類、カンコノキ類とハナホソガ類などが知られています。これらの例でも、1つの種の植物に対して1つの種の昆虫が共生する生態が見つかっています。

COLUMN

意図がなくても 進化は起こる

　送粉の話では、しばしば「動物に花粉をはこばせる」「昆虫をひきつける」といった表現がなされます。しかし、植物が意思をもって自らの形や香りを決めているとは限りませんし、送粉者も「ミツをくれたから、花粉をはこんであげよう」と思って行動しているとは限りません。

　第3章で述べたように、生物の進化の過程を正確に言葉で表現しようとすると、どうしても長い文章になってしまいます。とくに、送粉のような複数の生物が密接にかかわりあう過程は複雑で、進化生物学的に正確な説明をしようとすると、まわりくどい文章が必要になります。

　「花に甘いミツがあるのはどうして？」という問いに、さきほど1ページかけて答えましたが、つい「虫をひきつけて、花粉をはこんでもらうため」という擬人的で簡潔な説明をしてしまいたくなります。

　この表現は一見わかりやすいように見えますが、これでは植物が意図をもって甘いミツを出しているかのような印象を与えてしまいます。しかし実際には、意図がなくても進化は起こります。

　植物と送粉者の関係に対して「植物には神経もないのに、どうして虫の好みがわかるんだろう？」「植物と虫がおたがいのためにはたらくなんてすごいなあ」という感想を抱いたことがある人もいるかもしれませんが、それはこのような誤解にもとづいたものです。

　送粉にかかわる植物と動物の特徴が進化するのに、植物が動物のことを知っている必要はありませんし、動物が植物の事情を思いやる必要もありません。シンプルに「世代を重ねるにつれて、より多くの子孫を残すような特徴をもった個体が増えていく」という自然選択だけで、送粉関係の進化も説明することができるのです。

ダーウィンの予言

アングレカム・セスキペダレの距

マダガスカルキサントパンスズメガ

　西インド洋に浮かぶマダガスカル島の森には、アングレカム・セスキペダレ（*Angraecum sesquipedale*）というラン科の植物があります。よく見ると、花のうしろのほうからなにやらとても細長いものが伸びているのがわかります。

　これは花びらの一部が変化した「距」という細長い袋のような器官で、その先っぽには甘いミツがたまっています。

　アングレカム・セスキペダレは別名ダーウィンオーキッド（ダーウィンのラン）ともよばれています。これは、ダーウィンがこのランのユニークな姿を研究したことに由来します。というのも、その当時、マダガスカル島ではアングレカム・セスキペダレの距と同じ長さの口をもつ昆虫は見つかっていませんでした。しかしダーウィンは、「この島にはきっとこの花のミツを吸えるほど長い口をもったガがいるはず」と予言したのです。

　そしてダーウィンの死後、予言から41年後に同じ島から長い口をもつマダガスカルキサントパンスズメガが発見されました。これは、花と昆虫の関係を深く理解していたダーウィンだからこそ的中させられた予言でしょう。

わたしたちの細胞のなかにある「別の細胞」のなごりって？

　さきほどイチジク類とイチジクコバチ類の絶対共生を紹介しました。実は、わたしたちの体のなかにも絶対共生の産物があります。

　わたしたちヒトの体は、たくさんの小さな細胞が集まってできていて、その数は数十兆個にもなります。そして1つひとつの細胞のなかには、ミトコンドリアというさらに小さなものが数百個以上入っています。

　ミトコンドリアは、酸素を使って糖や脂質などを分解することで、わたしたちの体が使うことのできるエネルギーをつくり出すという、とても重要なはたらきをします。ミトコンドリアがない場合よりも、同じ量の糖や脂質からずっと多くのエネルギーをとり出すことができるのです。

　ごく一部の例外を除き、動物やキノコや植物などをふくむ真核生物はみなミトコンドリアをもっています。実は、ミトコンドリアは、もともと単独で生きていた細菌でした。あるときわたしたちの祖先の細胞のなかに、細菌の一種がとりこまれ、そのまま**「細胞のなかに暮らす別の小さな細胞」になったものがミトコンドリアの起源**だと考えられています。これを、細胞内共生説とよびます。

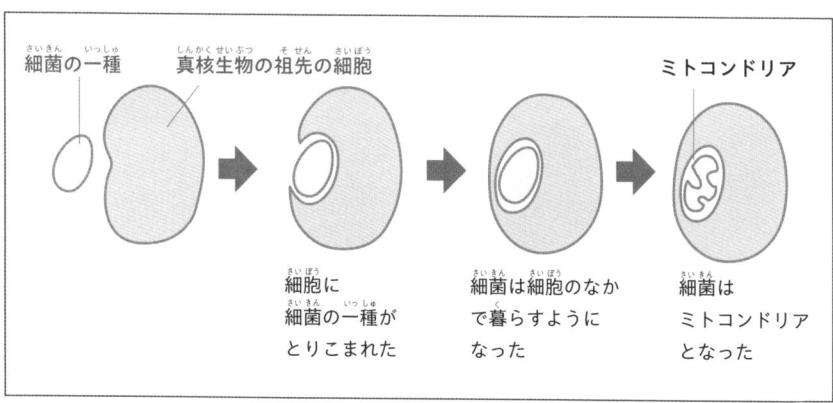

細菌の一種　真核生物の祖先の細胞　　　　　　　　　　　　　ミトコンドリア

細胞に細菌の一種がとりこまれた　　細菌は細胞のなかで暮らすようになった　　細菌はミトコンドリアとなった

ミトコンドリアはもともと単独で生きていたころの形跡を今も残していますが、もはやヒトの細胞の外に出て生きることはできません。わたしたちも、ミトコンドリアなしに生きることはできません。

植物の細胞は、ミトコンドリアに加えて葉緑体とよばれるものをもっています。葉緑体は、光エネルギーを使って二酸化炭素から糖をつくる光合成をおこない、植物が生きるのに必要なエネルギーを供給します。**葉緑体も、ミトコンドリアと同じように、光合成をする微生物がとりこまれて、植物の細胞内で共生するようになったものが起源**だと考えられています。

寄生した相手の行動を「操作」する寄生虫

QUIZ 1 —クイズ—

ハリガネムシに寄生された昆虫は、水に飛びこむことが知られています。なぜ水に飛びこむのでしょう?

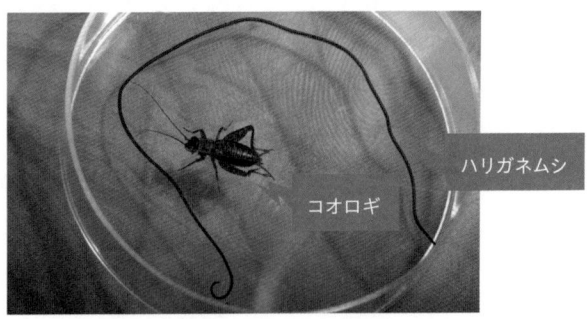

ハリガネムシ

コオロギ

ハリガネムシは名前のとおり針金のような姿の生物で、類線形動物というグループに属し、コオロギ、カマドウマ、バッタなどの昆虫に寄生します。

ふつうコオロギやカマドウマなどの昆虫は、自分から水に近づくことはな

いのですが、昆虫の体内に入ったハリガネムシは自分が寄生している昆虫（宿主）の行動に影響を与え、結果的に水に飛びこませます。

　昆虫が水に飛びこんだあと、ハリガネムシは昆虫の体内からニョロニョロと脱出して、水中で交尾相手と出あい、繁殖します。寄生されて川に飛びこんだ昆虫のほうは魚に食べられてしまうので、この行動は昆虫にとっては損でしかありません。

　このようなハリガネムシによる昆虫の行動の「操作」が進化したのは、ハリガネムシにとっては、昆虫が水に飛びこんだほうが、より効率的に交尾できて、子孫を残しやすかった結果です。

　このように、**寄生生活を送る生物たちは、寄生される側の生物と深く結びついた特徴や生態を獲得している**のです。

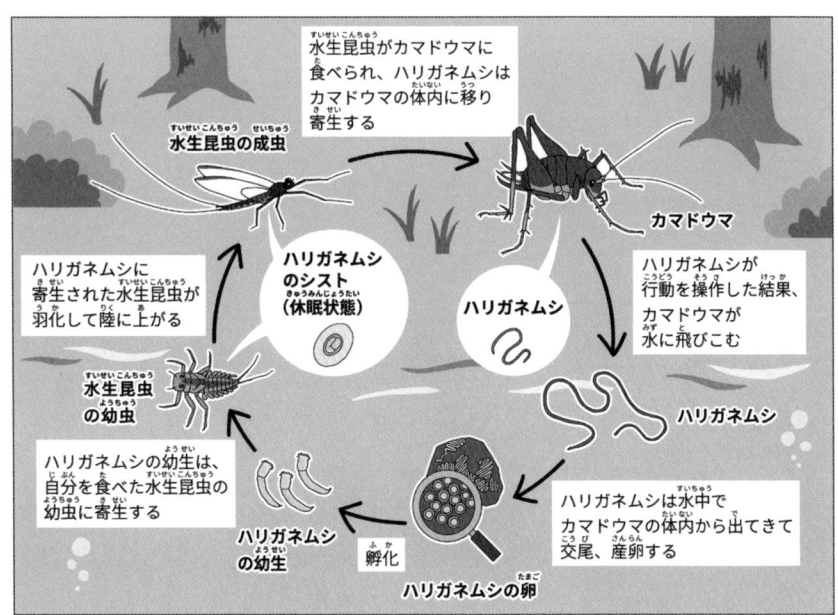

Quiz1 の答え 寄生したハリガネムシが昆虫の行動に影響を与え、結果的に水に飛びこませているから。

ハリガネムシが森と川の生態系をつなぐ!?

　ハリガネムシは生態系全体を見ても重要な役割を果たしています。ある川では、秋ごろの約3か月間にハリガネムシに寄生されたカマドウマが次々と川に飛びこむため、川魚のエサのほとんどをカマドウマが占めています。

　また、カマドウマの飛びこみを実験的におさえてみたところ、川魚はカマドウマのかわりに、川底で落ち葉を分解する昆虫（分解者）を多く食べるようになり、分解者が減ったために落ち葉の分解速度も遅くなることがわかりました。実はハリガネムシは、寄生によって森と川の生態系をつなぐ、重要な生き物でもあったのです。

「右利き」の魚と「左利き」の魚、子孫を残しやすいのはどっち?

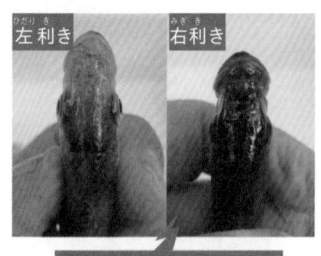

左利き　右利き

ペリソダス・ミクロレピス

　アフリカにいるペリソダス・ミクロレピス（*Perissodus microlepis*）という魚は、ほかの魚のうろこを食べることで知られています。この魚がほかの魚のうろこを食べる際には、その魚の左右どちらかの側面から近づいてうろこをはがす行動をとり、それに適した左右どちらかにかたよった口の形をしています。

　うろこを食べられる魚は、よく攻撃される側を警戒するようになるため、右側のうろこを食べる「右利き」の個体が多いときは、左側のうろこを食べる「左利き」の個体のほうが捕食に成功しやすくなり、適応度が高くなります。左右が逆の場合もまた同じです。

　このように複数の形質（ここでは「右利き」と「左利き」）があるとき、その割合によって有利な形質が変わることがあります。こうした自然選択を頻度依存選択といいます。第3章のオオシモフリエダシャクの例では、環境によって適応的な形質が変わりましたが、うろこを食べる魚の口の形は、2つの形質の割合が「どちらの形質のほうが有利か」を決める"環境"であるというおもしろい例なのです。

　この例のように、頻度が低いもののほうが適応度が高くなる場合を、負の頻度依存選択といいます。負の頻度依存選択が起こる場合、複数の形質が集団内に存在する状態が維持されやすく、また、その存在比率が高くなったり低くなったりすることをくりかえすこともあります。

　実際に、うろこを食べる魚の例でも、「右利き」が多くなれば、それにより有利になった「左利き」が増える、その結果「左利き」の割合が高くなれば今度は「右利き」が増えはじめる、というパターンをくりかえすことが観察されています。

「左利き」の魚が警戒される

「左利き」の魚が有利になり、増える

「右利き」の魚が有利になり、増える

「右利き」の魚が警戒される

なぜカタツムリは右巻きばかりなの？

QUIZ2 ークイズー

身近によく見かけるカタツムリ。実は観察してみると、ほとんどの種で、その殻は右巻きで、左巻きはめったに見かけません。これはなぜでしょう？

左巻き

右巻き

さきほどのうろこを食べる魚の例とは逆に、頻度が高いもののほうが適応度が高くなる場合を、**正の頻度依存選択**といいます。カタツムリの殻は左右非対称で、右巻きと左巻きが存在しますが、**巻きの向きが同じ個体同士でないと、うまく交尾できません。** そのため、少数派の個体は、多数派の個体よりも交尾相手を見つけるのがむずかしく、適応度が低くなります。正の頻度依存選択がはたらくと、多数派が増えて少数派が減る方向に変化が起こるので、ほとんどの個体が片方の形質をしめすようになります。

やや右巻きが多い → もっと右巻きが多くなる → 右巻きばかりになる

　カタツムリの祖先は右巻きでした。ここで、祖先にあたる「右巻きの集団」のなかに、少数の左巻きの個体があらわれた場合を考えてみましょう。このとき、正の頻度依存選択がはたらいて左巻きの個体の適応度が低くなるため、この「右巻きの集団」が「左巻きの集団」に進化することはめったに起こりません。結果的に、ほとんどのカタツムリは種ごとに巻きの向きが決まっており、その多くは祖先の特徴を受けついだ右巻きです。

QUIZ2 の答え	祖先が右巻きで、また正の頻度依存選択により、めったに右巻きから左巻きになる進化が起こらなかったから。

左巻きのカタツムリの進化

QUIZ3
クイズ

　カタツムリは、ほとんどの種が右巻きの殻をもっています。しかし、沖縄県の一部の地域では、左巻きのカタツムリもよく見られます。いったいなぜでしょう？

　沖縄県には、左巻きのカタツムリがよく見られる地域があります。そこにはイワサキセダカヘビという、カタツムリばかりを食べるヘビが生息しています。

　実はこのイワサキセダカヘビは、右巻きのカタツムリを食べるのが得意な「右利き」のヘビで、歯の本数が左右でちがっています。実際に、このヘビは左巻きのカタツムリをうまく食べられないことがわかっています。数が多い右巻きのカタツムリを食べるのが得意なほうが子孫を残しやすかった結果、「右利き」のヘビが進化したのです。

その結果、「右利き」のヘビが生息している地域では、左巻きのカタツムリのほうがヘビに食べられにくいので、ほかの地域にくらべて左巻きのカタツムリが進化しやすかったと考えられます。

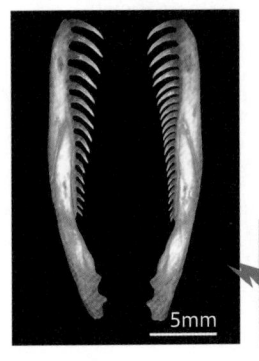

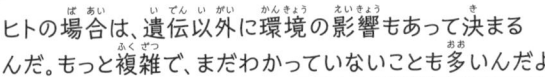
イワサキセダカヘビの下あご。右のあごのほうが歯の本数が多い

5mm

QUIZ3 の答え 右巻きのカタツムリを食べるのが得意な「右利き」のヘビがいる地域なので、ヘビに食べられにくい左巻きのカタツムリが進化しやすかったから。

ヒトの右利き・左利きも、進化と関係あるの?

ヒトの場合は、遺伝以外に環境の影響もあって決まるんだ。もっと複雑で、まだわかっていないことも多いんだよ

コウモリとガの進化の競争

コウモリのなかには、超音波を発し、獲物にあたってかえってくる音波からその位置を割り出すことで、暗いなかでも効率よく獲物を捕食できるものが知られています。一方で、コウモリに捕食される夜行性のガ類は、さ

まざまな対抗手段を進化させています。

　たとえば、超音波を吸収するふわふわの毛や、超音波を聞くことのできる聴覚をもっているガが知られています。ほかにも、自ら音波を発してコウモリの聴覚を混乱させたり、音波で自分に毒があることを伝えて捕食を逃れたりするガもいます。

　また、大型のヤママユガのなかまには、前翅の先端に音波を強く反射するしわをもつものや、後翅に長くねじれながら伸びる構造（尾状突起）をもつものがあります。こうした構造は「おとり」として機能し、胴体や頭への致命傷を避けるのに役立つと考えられています。

　一方で、コウモリのなかには、こうした対抗手段にさらに対抗する進化をとげているものがいます。ヨーロッパチチブコウモリ（*Barbastella barbastellus*）は、超音波への聴覚をもつガばかりを捕食することが知られています。このコウモリは、狩りをするときに音量の小さな超音波を使うことで、相手に気づかれずに、聴覚をもつガをつかまえます。コウモリが進化すればガも進化し、ガが進化すればさらにコウモリも進化するという進化の競争が起こっているのです。

　このように、敵対関係にある種どうしでたがいに対抗的な進化が起こり、双方の能力がどんどん上がる現象は、進化的軍拡競争とよばれます。

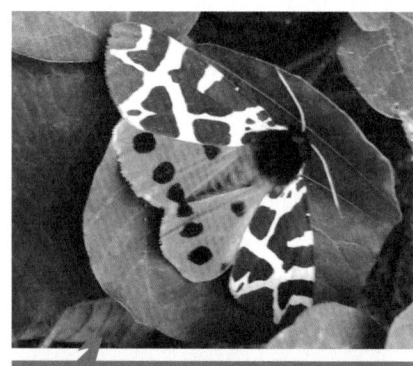

自分に毒があることを音波で伝え、捕食から逃れるヒトリガ

後翅の尾状突起が音の反射を強める「おとり」としてはたらくアメリカオオミズアオ

第8章

擬態

どこに虫がひそんでいるでしょう？

第7章では、ほかの生物との関係によって起こる進化をとり上げましたが、こうした進化のなかでもとくにおもしろいものの1つが、擬態です。ときとして生物は、別のなにかに似ることで、ほかの生物をまどわすような進化をすることがあり、これは擬態とよばれます。擬態にどのようなメリットがあるのかは、場合によってさまざまです。この章では、さまざまな生物の擬態を紹介します。

どこに虫が
ひそんでいるでしょう?

118ページの写真のどこに虫がいるか、わかりましたか?

正解は、下の写真の白い丸でかこんだ部分。ここにムラサキシャチホコという、ガのなかまがかくれています。一見、くるっとカールした枯れ葉のようですが、実は模様でそう見えているだけで、翅は平らです。葉脈や奥行きまで再現されていて、まるでトリックアートのようですね。

ANSWER

翅を開いたムラサキシャチホコ

ムラサキシャチホコのように、**生物が別のなにかと似ていることで、結果として第三者の認識をまどわす**ことを擬態※といいます。

では、どうして擬態が進化したのでしょうか?

実は擬態も、自然選択により進化した

ものです。つまり、擬態している個体のほうがほかの個体より子孫を多く残しやすかったから、擬態が進化したのです。ムラサキシャチホコの場合、翅の模様が枯れ葉にそっくりな個体ほど捕食者に見つかりづらく、生存に有利でした。そのため、世代を重ねるごとに集団全体として精巧な枯れ葉模様をもつようになったと考えられます。

　この章では、さまざまな生物の擬態を見ていきます。

※日本語の「擬態」は、英語のmimicry、mimesis、camouflage、crypsis、masqueradeなどをふくんだ概念です。この本では、擬態という単語をadaptive resemblance（Starrett, 1993）に相当するものとして使います。

 **QUIZ1** －クイズ－　　ハチでないものはどれでしょう？

 ①　

 ②　

 ③　

　②と③はどちらもスズメバチ科のハチですが、①はスズキナガハナアブというハナアブ科の昆虫です。

　ハナアブは複眼が大きい、触角が短い、後翅が小さく退化しているなどの特徴から、ハチと見分けることができます。また、ハナアブはハエやカと同じ双翅目で、ハチはアリと同じ膜翅目ですから、おたがい系統的に離れています。同じような黄色と黒のしま模様をしていますが、しま模様の共通祖先から進化したわけではなく、それぞれが独自にしま模様を獲得したのです。

ハチが有毒で危険な存在だと知っている動物は、ハチを避けるようになります。スズキナガハナアブの場合、スズメバチに似ている個体ほど捕食者に避けられて、ねらわれにくかったため子孫を残しやすく、しだいにスズメバチとうりふたつの姿へと進化していきました。

QUIZ1 の答え ①

擬態は、次の三者がいることで成立します。

①擬態者（信号発信者）：擬態をおこなう生物
②モデル：擬態のお手本
③信号受信者：視覚などの信号をもとに、擬態者を認識する生物

重要なのは、③信号受信者が①擬態者のことを②モデルだとかんちがいすることです。スズキナガハナアブの例でいうと、ハナアブが①擬態者、ハチが②モデル、鳥などの捕食者が③信号受信者にあたります。モデルに似た姿であることが、擬態者の生存や繁殖に有利にはたらきます。

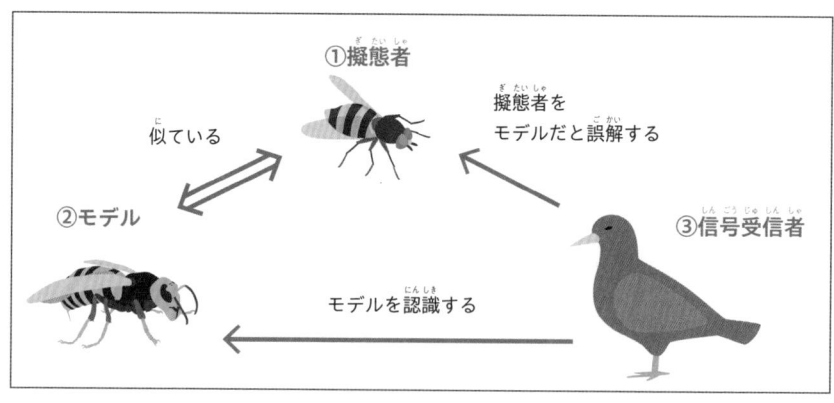

① 擬態者

似ている

擬態者を
モデルだと誤解する

② モデル

③ 信号受信者

モデルを認識する

どこにいるの？
——背景にまぎれる擬態

QUIZ 2 －クイズ－　どこに動物がひそんでいるでしょう？

　写真には、ハナオコゼという魚がひそんでいます。色だけでなく形まで海藻にそっくりですね。

　この章の冒頭で紹介したムラサキシャチホコもそうですが、周囲の景色に溶けこむと捕食される可能性が下がります。また、ハナオコゼのように擬態者が肉食動物である場合は、獲物に自分の存在を気づかれないことが捕食成功率の向上につながると考えられます。

　姿をかくす擬態では、枯れ葉や植物のほかにも動物のフンや岩など、まわりの風景の一部や無生物がモデルとなるケースが多くあります。

QUIZ2 の答え

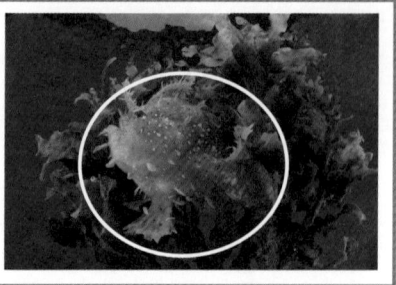

ほかの動物にまぎれる擬態

QUIZ3 —クイズ—

写真の上にいるニセクロスジギンポは、下にいるホンソメワケベラに擬態しています。どんなメリットがあるのでしょう?

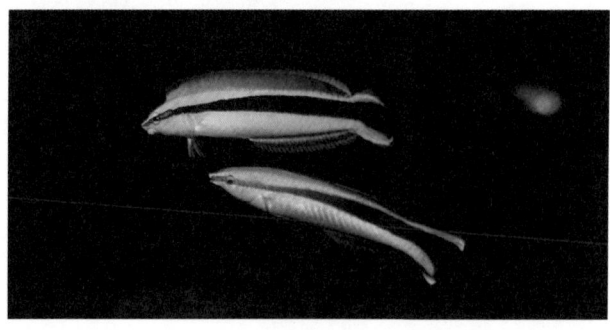

動物がほかの動物にまぎれる擬態もあります。この場合は、信号受信者にとって、エサにも脅威にもならない動物がモデルとなります。

ホンソメワケベラは、ほかの魚の体表についた寄生虫を食べる掃除行動をとります。これは相手の魚にとって利益となるため、おもに魚を食べる

魚でも、ホンソメワケベラを食べることはほとんどないと考えられています。一方、ニセクロスジギンポの小型個体は、ほかの魚のヒレをかじって食べることがあります。ニセクロスジギンポはホンソメワケベラに似た模様をもっていることで、次の2つのメリットがあると考えられています。

①捕食者がホンソメワケベラだと誤解することで、捕食をまぬがれる。
②ほかの魚に警戒されずに近づけるので、ヒレをかじる効率が高まる。

Quiz3 の答え ほかの魚から食べられにくくなるメリットと、ほかの魚に警戒されにくいことでヒレをかじる効率が上がるメリットがある。

見た目が似ていない擬態

QUIZ4 －クイズ－

　コガタナゾガエルは乾季のあいだ、アリの巣のなかで生活します。アリは通常、巣への侵入者をはげしく攻撃しますが、コガタナゾガエルは襲われません。なぜでしょう？

コガタナゾガエル

コガタナゾガエルに集まるアリ

アリは、相手が侵入者かどうかを触角でふれて判断します。コガタナゾガエル（*Phrynomantis microps*）の皮膚から出る物質にふれたアリは、このカエルは排除しなくてもよいと誤って判断します。そのため、このカエルは襲われずにアリの巣のなかで生活できるのです。この例のように、視覚以外の情報で相手をだます擬態もあります。

Quiz4 の答え コガタナゾガエルの皮膚から出る物質によって、アリがカエルを侵入者ではないと誤って判断しているから。

自分の存在をアピール！
——危険なものに似る擬態

QUIZ5 それぞれ毒はある？ ない？

① 全身　頭
カリフォルニアイモリ

② 全身　頭
イエローアイ・エスショルツサンショウウオ

捕食者などの信号受信者に気づかれないことで利益を得る擬態もあれば、

反対に信号受信者に自分の存在をアピールする擬態もあります。

123ページで紹介したスズキナガハナアブのハチへの擬態のように、**無害な生物が危険な生物に似る**現象を**ベイツ型擬態**といいます。

前のページの写真①はカリフォルニアイモリ（*Taricha torosa*）といい、皮膚にテトロドトキシンという強い毒をもっています。小型両生類をエサとする鳥でも、このイモリは食べません。

一方、写真②はイエローアイ・エスショルツサンショウウオ（*Ensatina eschscholtzii xanthoptica*）です。毒はありませんが、目や体の色がカリフォルニアイモリに似ていることで、鳥からの捕食をまぬがれています。

Quiz5 の答え ①カリフォルニアイモリは毒がある。②イエローアイ・エスショルツサンショウウオは毒がない。

危険な生物がおたがいに似る擬態もある！

この章の冒頭では、毒をもたないハナアブがスズメバチと似た模様になるベイツ型擬態を紹介しましたが、毒をもつハチどうしが似た模様となる場合もあります。たとえば、オオスズメバチとニホンミツバチはどちらも黄色と黒のしま模様をしていますが、それぞれ独自に獲得したものです。

オオスズメバチ

ニホンミツバチ

オオスズメバチとニホンミツバチのように、**危険な生物が別の危険な生物に似る**ことを**ミュラー型擬態**といいます。ミュラー型擬態では、擬態者とモデルの両者とも捕食者から避けられるようになります。

マネシヤドクガエル（*Ranitomeya imitator*）には模様の異なるさまざまなタイプがあり、それぞれが別の種のヤドクガエルへのミュラー型擬態となっています。この例では、擬態者とモデルの両方が有毒です。

次の写真の①〜④のペアでは、上はそれぞれ別の地域にすむマネシヤドクガエル、下はそのモデルだと考えられている別種のカエルです。

模様の異なるマネシヤドクガエルの生息地が接する場所では、中間的な模様をもつ個体が観察されています。

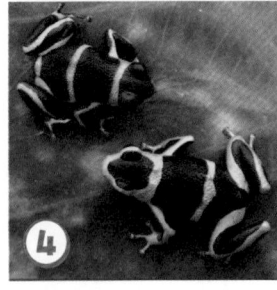

①ズアカヤドクガエル（*R. fantastica*）
②アミメヤドクガエル（*R. variabilis*）
③アミメヤドクガエルの別地域個体
④サマースヤドクガエル（*R. summersi*）

 自分とちがう種とそっくりで、同じ種と似ていないんだね！

130

にせの目玉で相手をだます

　目玉模様をもっていることで、実際とは別の場所に頭があるように見える場合があります。

　チリヨツメガエル（*Pleurodema thaul*）はおしりに大きな目のような模様（眼状紋）があり、敵におそわれるとおしりを高く上げてそれを見せつけます。大きな眼状紋は、このカエルを実際よりも大きな生物であるかのように錯覚させます。

チリヨツメガエル

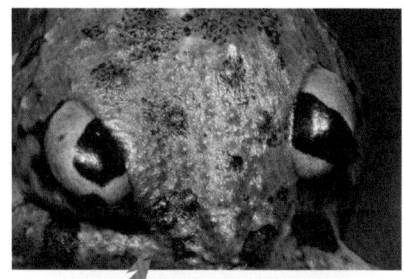

うしろから見たチリヨツメガエル

　ウラナミシジミの翅には眼状紋と触角に似た突起（尾状突起）があり、ここが頭だとかんちがいした捕食者に攻撃されても、比較的ダメージが少なくてすみます。体のうしろ側にある眼状紋は、捕食の回避率を上げる効果もあると考えられています。

ウラナミシジミ

擬態する寄生虫

　寄生性の生物には、エサに擬態して、自らを食べた捕食者に寄生するというおもしろい生態をもつものもいます。

　ロイコクロリディウムという吸虫では、イモムシに擬態することが鳥に寄生するうえで役立っています。

　ロイコクロリディウムの卵は、陸生の巻貝であるオカモノアラガイのなかまに食べられると、消化管でふ化します。ふ化した幼生は、オカモノアラガイの触角へ移動し、イモムシのように動きます。これをイモムシだとかんちがいした鳥に、オカモノアラガイごと捕食されると、ロ

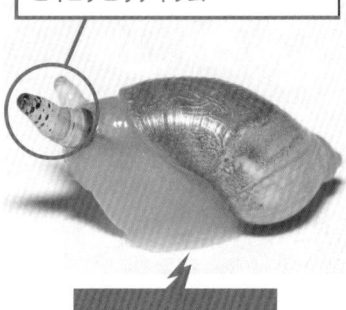

消化管でふ化し、触角に移動したロイコクロリディウム

ホンオカモノアラガイ

イコクロリディウムは鳥の体のなかで成体となり、消化管内に産卵します。

　ロイコクロリディウムの卵は鳥のフンとともに排泄され、再びオカモノアラガイに食べられることで、オカモノアラガイの消化管に戻ってきます。そして、そのなかで次の世代が生まれます。

植物だって擬態する

　ここまで紹介した擬態の例は動物ばかりでしたが、植物でも擬態が見られることがあります。ラン科の植物オフリス・スコロパックス（*Ophrys scolopax*）は、花の一部がハチに似ています（写真①）。第 7 章で、「一部

の植物は昆虫などの動物に花粉をはこんでもらうことで受粉し、子孫を残す」と説明しました。オフリス・スコロパックスのおもな送粉者は、エウセラ（Eucera）属のハチです。このハチのオスは、同じ種類のメスと間違えて、オフリス・スコロパックスの花と交尾しようとすることがあり（写真②）、このときに花粉がハチに付着します（写真③）。そのあと、花粉をつけたハチが、ふたたび別の花と交尾しようとする際に受粉が成立するのです。このランは見た目だけでなく、においでもメスのハチに擬態していると考えられています。

①オフリス・スコロパックスの花

②オフリス・スコロパックスと交尾しようとするエウセラ属のハチ

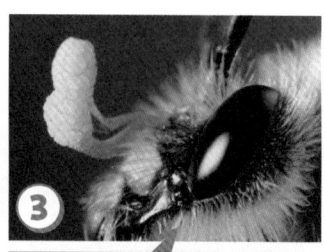
③エウセラ属のハチに付着した花粉

① キャベツ

② レタス

③ ブロッコリー

第9章

人為選択

キャベツ、レタス、ブロッコリー。
なかまはずれはどれ？

第8章までで、自然界で起こるさまざまな進化とそのしくみについて学びました。実は、人間の手によって起こってきた進化もあります。人間が生物を作物や家畜として利用する際に、都合のいい特徴をもったものを選ぶことで、世代を重ねるごとに生物の特徴が変化していったのです。第9章では、この人為選択について紹介していきます。

買い物を手伝わせちゃって悪いねぇ

いえいえ！ぼくはお世話ロボットだもの！

そういえば…トマトも生物だよね

トマトがおいしいのも進化の結果なの？

川色のトマトだ

するどい質問だねぇ

進化は進化でも野菜はおいしく育てやすくなるように「人為選択」された生物なんだよ

人為選択ってなに!?どうやるの？

トウモロコシも元はこんなのだったんだよ

えっ!?

実の大きな個体、甘味が強い個体、病気に強い個体…などなどを選別して

子孫をつくらせることでそういった特徴を受けつがせることができるんだ

これまでの進化の話と一緒だ！

キャベツ、レタス、ブロッコリー。なかまはずれはどれ？

　丸い形をしているキャベツとレタスに対して、ブロッコリーは小さな木のような形をしています。形だけを見ると、キャベツとレタスが近いなかまで、ブロッコリーがなかまはずれに見えるかもしれません。しかし、実は、なかまはずれはレタスです。

　キャベツとブロッコリーは、どちらもヤセイカンラン（*Brassica oleracea*）というアブラナ科の植物のなかまです。それに対して、レタスはキク科で、キャベツやブロッコリーとはまったく別の系統です。キャベツもレタスも、人間が栽培することで大きく姿を変えたのです。

キャベツとブロッコリーの祖先の姿に近い植物

レタスの祖先の姿に近い植物

ANSWER

②　レタス。①キャベツと③ブロッコリーはアブラナ科の植物から、人間によってつくられた野菜。一方で、②レタスはキク科で、キャベツやブロッコリーとはちがうなかま。

QUIZ 1 — クイズ —

ミズナとダイコンとカブ。なかまはずれはどれでしょう?

① ミズナ

② ダイコン

③ カブ

ミズナ、カブ、ハクサイ、小松菜、野沢菜、チンゲンサイは、どれも同じ種（*Brassica rapa*）です。人間が、同じ種から、異なる特徴のものを優先して栽培した結果、さまざまな野菜が生まれたのです。

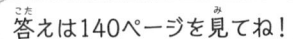

答えは140ページを見てね!

人為選択ってなに?

人間が栽培することで、キャベツやブロッコリーが大きく姿を変えたように、**人間によって特定の特徴が選択されることで、生物の子孫の特徴が変わる**ことを、人為選択といいます。

野菜や家畜は、もともとは野生にいる生物でしたが、それを人間が栽培したり、繁殖させたりする過程で、人為選択により野生のものとは異なる特徴をもつ集団になりました。

人為選択では、人間にとって「おいしい」「育てやすい」などの特徴をもつ個体が選択されます。こうした特徴が遺伝することで、人間にとってより都合のよい特徴をもつ集団ができあがります。

レタスとキャベツは、実はどちらも、もともとは丸くない形をしていました。それが、人間が葉を食用にするのに向いているものを好んだ結果、同じような人為選択がかかり、似た形になったのです。

また、もともとは同じ種でも、葉が食用に向いたものを選択して栽培した結果生まれたのがキャベツなのに対して、花が食用に向いたものを選択して栽培した結果生まれたのがブロッコリーです。

自然選択とちがって、人間が選んでいるんだね

人為選択では人間にとっておいしい、育てやすいなどの特徴をもつ個体が選択されるんだ

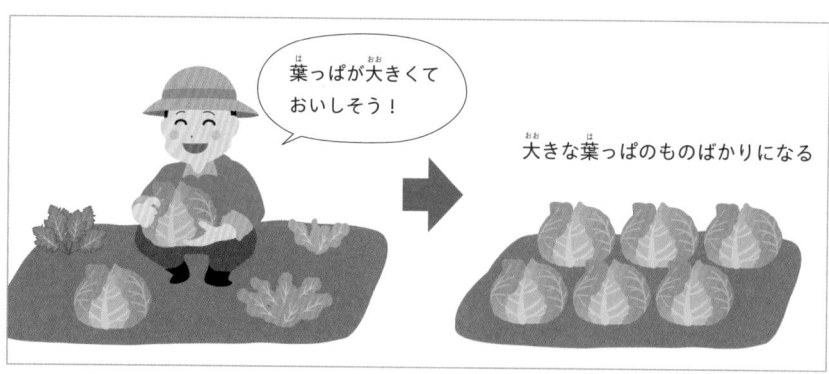

葉っぱが大きくておいしそう！

大きな葉っぱのものばかりになる

QUIZ1 の答え　②　ダイコン。

イネのタネが落ちないわけ

「実るほど頭をたれる稲穂かな」という言葉にあるとおり、秋の田んぼをおとずれると、たわわに実ったタネの重みでイネがおじぎしているように見えます。イネのタネは、熟しても収穫されるまで穂から落ちません。そのため、穂を刈りとれば効率よくタネを収穫できます。これに対して、野生であれば熟したタネが落ちて周囲に散らばったほうが、子孫を残すのに適しています。

人間が栽培している環境下では、穂を収穫して、その穂についていたタネが次の栽培で使われるため、熟したときにタネが落ちなくても、次世代を残すことができます。人為選択により、野生下ではあまり見られなかったこれらの特徴をもつ植物が、栽培下で生き残ってきたのです。

イネのタネは熟しても落ちない

※ここでイネのタネとよんでいるものは、いわゆる籾で、厳密には種子そのものではありません。イネの種子は、籾のなかにあります。

QUIZ2 -クイズ- アワの祖先の姿に近い植物は、次のうちどれでしょう？

① ススキ

② コバンソウ

③ エノコログサ（ネコジャラシ）

アワ

チワワもイヌ、プードルもイヌ。
では、オオカミは？

QUIZ3 -クイズ-
次のうち、なかまはずれはどれでしょう？

① オオカミ

② コヨーテ

③ チワワ

動物に対する人為選択の極致は、イヌといっていいでしょう。
体重３kg未満のチワワから、体重90kgに達するセント・バーナードや、

肩までの高さが80cmを超えるアイリッシュ・ウルフハウンドのような超大型犬まで、サイズだけを見てもおどろくほど多様です。

　また、あしの短いダックスフンドもいれば、チーターのような体形のグレーハウンドもいます。体毛が伸びつづけるプードル、体毛が極端に少ないチャイニーズ・クレステッド・ドッグ、たるんだ皮膚のチャウ・チャウなど、個性的な犬種をあげればきりがありません。

　これほどの多様性がありながら、すべてのイヌは単一の種であり、オオカミと同じ種（*Canis lupus*）に分類されています。

　見た目はチワワとオオカミより、コヨーテとオオカミのほうが似ています。それでもチワワとオオカミは同じ種であり、コヨーテとオオカミよりも近い関係なのです。

QUIZ3 の答え ▶ ② コヨーテ。①オオカミと③チワワ（イヌ）は同じ種（*Canis lupus*）。②コヨーテは別の種（*Canis latrans*）。

　イヌのおどろくべき多様性は、人為選択によるものです。

　イヌは家畜のなかでも、もっとも古い時代から人間と共存しており、その起源は遅くとも約1万5000年前といわれています。これは人類が農耕をはじめた時代よりも古く、もしかするとイヌは人為選択を受けた最初の生物だったのかもしれません。

　ただし、イヌの家畜化の初期に、どこまで人間の介入があったかははっきりしません。

　その後、人間がイヌを積極的に利用するようになると、その目的にあわせて人為選択がおこなわれることになります。あるものは速く走って獲物を追うように、あるものは力強くそりを引くように、またあるものは貴人のひざの上でかわいがられるように——。こうして世界各地でさまざまな姿形の犬種がつくり出されました。

　18世紀後半からイヌへの人為選択がいっそうさかんにおこなわれるようになり、イヌの多様化はさらに加速します。犬種が定義され、犬種標準が

定められると、イヌへの人為選択は犬種ごとの特徴を強調するようになったのです。

　こうしてほんの数千年という、進化生物学的には一瞬ともいえる短い時間で、イヌ科全体をも超えるような多様性が生じました。人為選択は、非常に短い時間で、大きな変化をもたらすことが可能なのです。

ダックスフンド。アナグマやウサギの狩猟をおこなう際に、その巣穴のなかでもよく動けるような短足の個体が選択された

グレーハウンド。足が速い犬種で、狩猟に用いられてきた。レースもおこなわれている

超大型犬のセント・バーナード

たるんだ皮膚で独特の顔つきのチャウ・チャウ

COLUMN

種子を後世に残そう！
シードバンクのしくみ

　世界には、さまざまな植物が存在しています。この多様性は、植物の研究をしたり、人為選択により新しい品種をつくったりするためにとても重要です。

　しかし、栽培される品種が画一化されたり、生息地の環境が破壊されたりすると、こうした多様性が失われてしまう危険があります。シードバンク（種子銀行）は、そうした多様な植物の種子を維持管理し、農業や研究に役立てながら、将来に残していくための施設です。

　シードバンクは世界中にあり、日本でも農研機構遺伝資源研究センター（茨城県つくば市）をはじめとしたシードバンクが重要な役割を果たしています。

　シードバンクが存在することで、おいしい品種、気候変動に対応した品種、新しいニーズに対応した品種などの開発が可能になるのです。

農研機構遺伝資源研究センター（茨城県つくば市）の内部。左右に種子を保存している棚がずらりとならぶ

第9章　キャベツ、レタス、ブロッコリー。なかまはずれはどれ？

ダーウィンと人為選択

　人為選択は、ダーウィンの著書『種の起源』（→54ページ）のなかでも重要な役割を果たしており、最初の章でとり上げられています。

　ダーウィンは人為選択と自然選択がよく似たしくみで起こることを見抜いており、自然選択を説明する前に、まずは身近な人為選択から説明をはじめたのです。

　人為選択と自然選択をくらべて説明することは、当時の時代背景からも、重要でした。当時は生物が進化によって大きく姿を変えたり、さまざまな種に枝分かれしたりすることが、まだまだ理解されていなかったからです。人々の多くは、ヒトはヒト、イヌはイヌなど、決まった種の生物が最初から地球上に存在していたと考えていました。

　そこでダーウィンはまず、人為選択によって、同じ祖先からさまざまな品種が生み出されてきたことを紹介します。実際、ダーウィンが生きていた当時のイギリスでは、人間の手による新しい品種の開発が広くおこなわれていました。

　たとえば、カワラバト（いわゆるドバト）では、1種の野生の鳥から、食用、伝令用、レース用、愛玩用など、人間の都合にあわせて多様な品種がつくり出されていました。

　そのくらい大きなちがいを人為選択がつくり出せるのだから、自然選択も同じように、長い時間をかけて少しずつ生物の姿形を変え、共通の祖先から多種多様な生物を生み出すことができたのだと説明したのです。

1868年に発刊されたダーウィンの著書『The Variation of Animals and Plants Under Domestication』で紹介されたカワラバトのさまざまな品種の絵

第10章

進化の舞台裏

親子が似ているのはなぜ?

これまでの章では、さまざまな進化の実例とその
しくみについて紹介してきました。こういった進化
が起こるのには、生物の特徴が次世代に遺伝する
必要があります。では、遺伝はどのようにして起こ
るのでしょうか? この章では、遺伝のしくみを説
明します。

150

第
10
章

親子が似ているのは
なぜ?

　ヒトでもイヌでも、親子やきょうだいはよく似ています。一方でじっくり見くらべると、ちがうところもたくさんあります。こうしたことは、いったい、なぜ起こるのでしょう?

　これらの現象には、DNA（デオキシリボ核酸）という物質が関係しています。DNAは、いわば生物の設計図。進化においても大変重要な存在です。そこで、

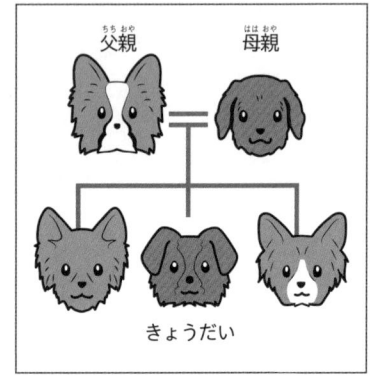

父親　　　母親

きょうだい

この章ではDNAがどのようなもので、どう進化につながるのかを解説します。

ANSWER

子どもは親のDNAを受けつぐから。

 DNAってよく聞くけど、どういうもの?

ちょっとむずかしいけど、大切なことだから、じっくり説明していくね

すべての生物がもっている
DNAとは?

　すべての生物は、DNAという物質をもっています。DNAは、ヌクレオチ

ドというものをたくさんつなぎあわせてつくられる、ヒモのような形の物質です。

DNAを構成するヌクレオチドは基本的に4種類あり、それぞれアデニン（A）、チミン（T）、グアニン（G）、シトシン（C）という4種類の物質のうちいずれか1つがふくまれています。ヌクレオチドは4色のビーズで、DNAはビーズにヒモを通してつなげたものだとイメージしてみてください。

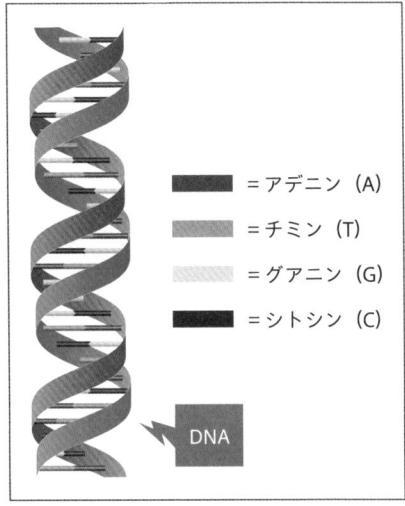

= アデニン（A）
= チミン（T）
= グアニン（G）
= シトシン（C）

DNA

このA・T・G・Cは文字のような役割をはたします。ちょうど、文字がならぶと意味をもち、文章になるように、そのならびに意味があります。

A・T・G・Cのならびは、「どうやって、その生物の体をつくるか」を指示する設計図として機能します。料理のレシピが文字を使って文章で書かれているように、生物の設計図はA・T・G・Cという4種類の文字で書かれたDNAに記されているのです。

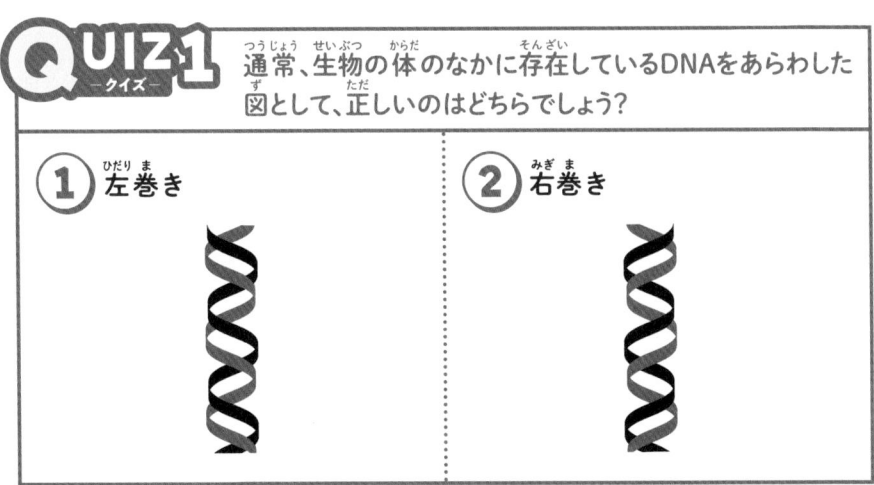

QUIZ1 －クイズ－ 通常、生物の体のなかに存在しているDNAをあらわした図として、正しいのはどちらでしょう？

① 左巻き

② 右巻き

QUIZ1の答え **②** 右巻き。生体内のDNAは、通常は右巻きの二重らせん構造をとる。

DNAはどうやって「設計図」として機能するの?

さきほど、「DNAは生物の設計図のようなもの」と説明しました。では、DNAは体のなかでどのようにはたらいているのでしょうか?

DNAは、タンパク質とよばれる物質のはたらきをコントロールしています。タンパク質にはとてもたくさんの種類があり、体のなかでいろいろなはたらきをします。たとえば髪の毛は、おもにケラチンという繊維状のタンパク質でできていますし、筋肉はアクチンという筋繊維をつくるタンパク質と、ミオシンという筋繊維を引っ張って動かすタンパク質などでできています。

赤血球のなかにある赤い色をしたヘモグロビンというタンパク質は酸素とくっつき、全身に酸素をはこぶはたらきをします。だ液などにふくまれるアミラーゼというタンパク質は、デンプンを分解するのにはたらきます。

そもそも、「どの種類のタンパク質を、体のどこで、どのくらいの量つくるのか」も、転写因子というタンパク質がコントロールしています。そのおかげで、髪の毛や筋肉、赤血球など、体をつくるあらゆるパーツができるのです。

また、体のどちらが前でどちらがうしろかを決めるWntタンパク質のように、体の構造をつくる際に大きな役割をはたすタンパク質もあります。

タンパク質は、ヒトだけじゃなく、あらゆる生物のあらゆる細胞で重要なんだよ

なるほど〜

COLUMN

DNAをコピーする しくみ

　原則として、DNAは生物の1つひとつの細胞のなかにあって、どの細胞もその生物を形づくるのに必要なDNAをまるごともっています。ですから、1つの細胞が2つに増えるときには、DNAをまるごとコピーして同じヌクレオチドのならび順をもつDNAをつくる必要があります。

　では、いったいどうやってコピーするのでしょうか？　DNAはふだん二重らせん構造といって、153ページの上の図のように、**2本のヒモ状のDNAがA・T・G・Cのペアを介してくっついて存在しています**。ここでポイントになるのが、ペアの組みあわせがはっきり決まっていることです。AはTと、GはCとペアになります。ですから、ペアの片方だけがあれば、もう片方に来るのはなにか、すぐにわかります。この、**ペアがおたがいにおぎなう特性**を相補性といいます。

　DNAをコピーするときには、まずはペアをバラバラにして1本ずつのDNAにします。そして、1本ずつのそれぞれについて、AとT、GとCのヌクレオチドのペアを新しくつくり直して2本にもどします。これで、二重らせん構造のDNAを2つにコピーできるのです。このしくみによって、細胞がどんどん増えていくときにも、何回でもDNAを増やしていくことができます。

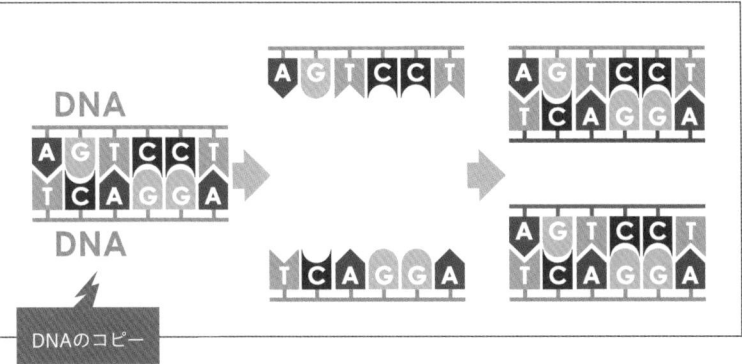

DNAのコピー

第10章　親子が似ているのはなぜ？

155

脂肪やDNAなど、生物の体を構成するさまざまな物質をつくったり分解したりするのも、やはりタンパク質のはたらきです。さらに、タンパク質自身や、その部品となるアミノ酸をつくったり分解したりするときにも、タンパク質は重要な役割を果たします。

このように、タンパク質は生物の体のなかのありとあらゆる現象に対して重要なはたらきをします。その**タンパク質のつくり方をコントロールするのが、DNAのヌクレオチドのならび方**です。だから、「DNAは生命の設計図」といわれるのです。

では、DNAのもつ情報は、どのようにしてタンパク質へと変換されるのでしょうか？　DNAがもつ情報は、まずその一部がそのまま写しとられるように、RNAという物質の組み立てに使われます。さらに、そのRNAがもつ情報にしたがって、アミノ酸という物質が順番につながれます。そのつながったものが、タンパク質になるのです。

タンパク質をつくる際に使われるアミノ酸は20種類あり[1]、「どのアミノ酸を、どの順番で、いくつつなげるか」によって、ちがう種類のタンパク質ができあがります。

DNAには遺伝子とよばれる領域が散在しており、それぞれの遺伝子は、アミノ酸のつなげ方をA・T・G・Cのならびで表現しています[2]。その情報にしたがい、それぞれ異なったタンパク質が組み立てられるのです。遺伝子の数は種によって異なり、たとえばヒトの場合は約2万個です。

※1　ヒトの場合です。ほかの生物では少しちがうものもいます。
※2　一部には、アミノ酸をつなげるための情報をふくまない遺伝子もあります（→167ページ）。

タンパク質は
こんなふうにつくられる！

DNAのもつ情報からタンパク質ができる際の1つひとつのステップを、さらにくわしく見ていきます。

まずタンパク質をつくるための第1段階として、さきほどお話ししたようにDNAのA・T・G・CのならびをRNAにほとんどそのまま写しとる、転写という作業がおこなわれます。

　RNAは、DNAによく似たヒモ状の物質です。RNAもDNAと同じくヌクレオチドがつながってできていますが、1つひとつのヌクレオチドにはA・U・G・Cのどれか1つのパーツがふくまれています。DNAのヌクレオチドのパーツであるTの代わりに、RNAはU（ウラシル）をもつのです。

　DNAのヌクレオチドとRNAのヌクレオチドは、ペアをつくります。GはCとペアになります。AはTとでもUとでも、ペアになることができます。この性質を使って、DNAのA・T・G・Cのならび順を写しとったRNAをつくっていくのです。

　たとえば、ATGCAというならびのDNAからは、UACGUというならびのRNAができます。ねん土に手を押しあてると、手の形とは逆のでこぼこをした型がとれますね。それと同じように、RNAはちょうどDNAの逆の型になります。

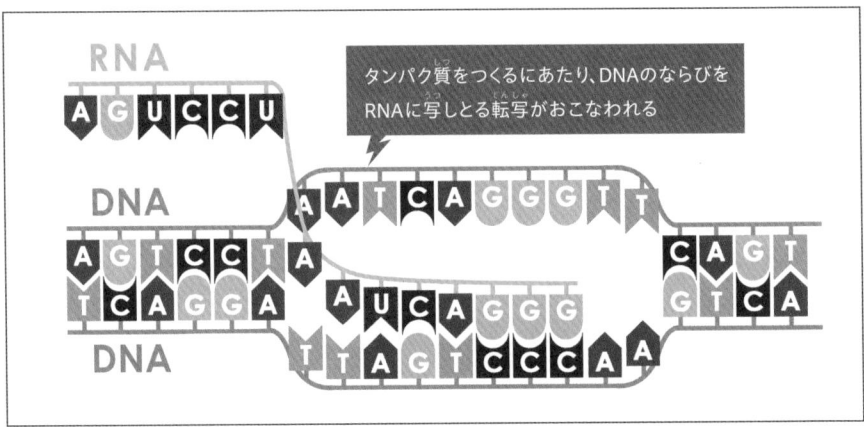

タンパク質をつくるにあたり、DNAのならびをRNAに写しとる転写がおこなわれる

　次に、できあがったRNAの情報をもとにアミノ酸をつなげていく、翻訳という作業がおこなわれます。リボソームという物質がRNAにくっつき、RNAのヌクレオチドのならびから、どのアミノ酸がどの順番でつながるか

の情報を読みとり、実際につなげていきます。

　でも、アミノ酸は20種類もあるのに、ヌクレオチドは４種類しかありません。実は、**RNAのヌクレオチドは３つがセットになって、つながるアミノ酸を１つ決めています。**

　たとえば、「UAC」とヌクレオチドがならんでいたら、それはヒスチジンという種類のアミノ酸に対応します。同じように、「CGU」はシステインという別の種類のアミノ酸に対応します。このように、特定のアミノ酸を指定するヌクレオチドの３つのならびは「コドン」とよばれています。

　こうしてリボソームは「コドン」を読みとり、対応するアミノ酸をつなげていきます。そして数百や数千のヌクレオチドのならびが、アミノ酸のならびになるのです。できあがったアミノ酸のつながったものは、そのならび方に応じて曲がったり、折りたたまれたり、さらに複雑なでこぼこの形をつくることでタンパク質になり、機能をもつようになります。

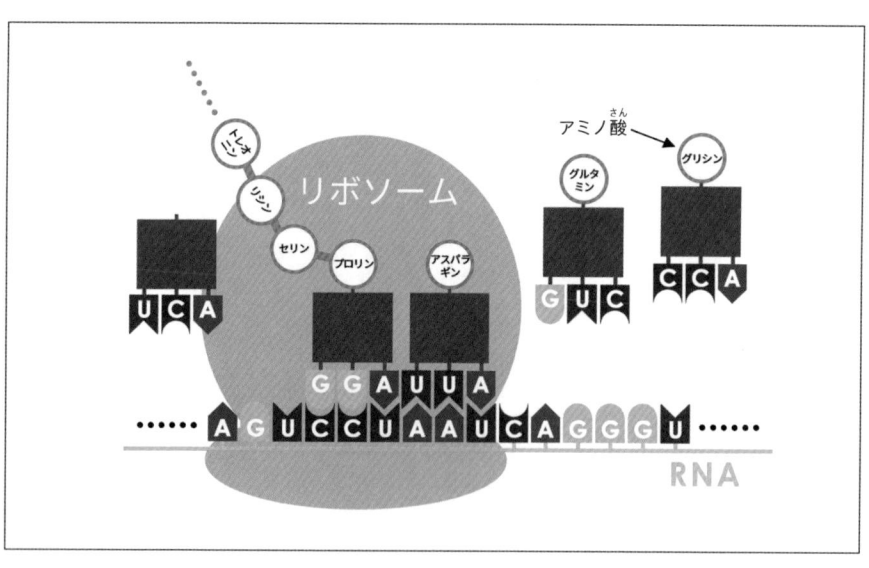

だれでも99.9%はDNAが同じ!?

　すべての生物はDNAをもっています。しかし、実は種ごとに、A・T・G・Cのならび方やDNAの長さがちがっており、そのちがいが、種のちがいを生み出すことにつながります。

　では、同じ種の生物でも、個体によってちょっとずつちがっているのはなぜなのでしょう？　この差を生み出す原因はさまざまで、育った環境など複数の要素が影響しますが、ここでもDNAが原因の１つです。

　同じ種の生物どうしでDNAをくらべてみると、ちがう種とくらべた場合より、はるかにちがいは少ないです。しかし、まったく同じというわけではありません。

　たとえば、２人のヒトのDNAをくらべると、約99.9%が同じだといわれています。裏をかえせば、**約0.1%は異なっている**のです。

　この約0.1%という、ほんのちょっとのA・T・G・Cのならび順のちがいが、それぞれの体の設計図をちがうものにしています。人によって微妙にちがう設計図をもつことが一因で、個性が生まれるのですね。

　DNAは体をつくっている１つひとつの細胞のなかに入っていますが、同じ個体のなかでは、どの細胞でもDNAは基本的に同じです。

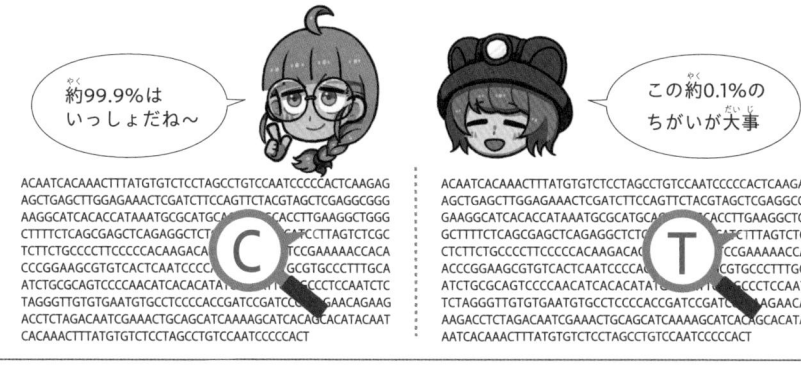

約99.9%はいっしょだね〜

この約0.1%のちがいが大事

子どもは両親から1セットずつ 「設計図」を受けつぐ

　生物は繁殖するとき、自身のDNAをコピーして子どもにわたします。こうして子どもは親のDNAを受けつぎます。子どもが生まれるときには、親からわたされたDNAにもとづいて、親に似た形がつくられます。

　でも、だとしたら、どうして親子やきょうだいのあいだで「ちがい」が生まれるのでしょうか？　親子もきょうだいも、まったく同じ見た目でもおかしくないような気がしませんか？

　この疑問を解決するために、親子のあいだでどのようにDNAがわたされるのか、見てみましょう。

　実は、多くの生物はDNA、つまり設計図を2セットもっています（2倍体とよばれます）※。その1セットは母親から、もう1セットは父親から受けついだものです。

　子どもは母親と父親という2個体の親が交配することで生まれますが、この際に、母親と父親の両方から1セットずつ設計図を受けとります。それでは、具体的にどのようなことが起こっているのでしょうか？

※2倍体でない生物もたくさんいます。とくに、微生物には2倍体でないものがとても多くいます。

ヒトは 46本の染色体をもっている

　さきほど「1セットの設計図」という表現をしました。これは、DNA 1本で1セットなのではなく、何本かのDNAをあわせて1セットの設計図ができあがるからです。

　たとえばヒトの細胞では、23本のDNAが1セットになっており、この

１本１本のDNAのことを染色体とよびます。つまりヒトは、1セット23本の染色体を２セット、合計46本の染色体をもっています。46本のうち２本は「性染色体」とよばれるもので、性別を決めます。性染色体にはX染色体とY染色体という２種類が存在し、X染色体を２本もつと女性、X染色体とY染色体を１本ずつもつと男性になります。

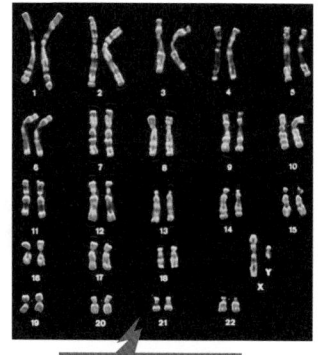

ヒト男性の染色体

母親・父親のDNAが受けつがれるしくみ

　子どもをつくる際に、母親は卵という細胞をつくります。卵には、母親のもつ２セットのDNAのうち片方だけがコピーされて入ります。一方で父親は、精子という細胞をつくります。こちらも、父親のもつ２セットのDNAのうち、片方だけがコピーされて入ります。

　卵と精子は出あうと合わさって（受精）、１つの細胞（受精卵）になります。このとき、卵と精子それぞれに入っていたDNAが１セットずつ受けつがれます。これによって、受精卵のDNAは、２セット分になるのです。この２セット分の設計図をミックスして使うことで、受精卵からしだいに子どもの体がつくられます。

　発生の過程で、受精卵は細胞分裂をくりかえします。細胞が分かれるときには毎回DNAがコピーされ、最終的には子どもの全身が、両親から受けついだDNAにもとづいてつくられることになります。

なるほど、子どもは両親から半分ずつDNAを受けつぐんだね！

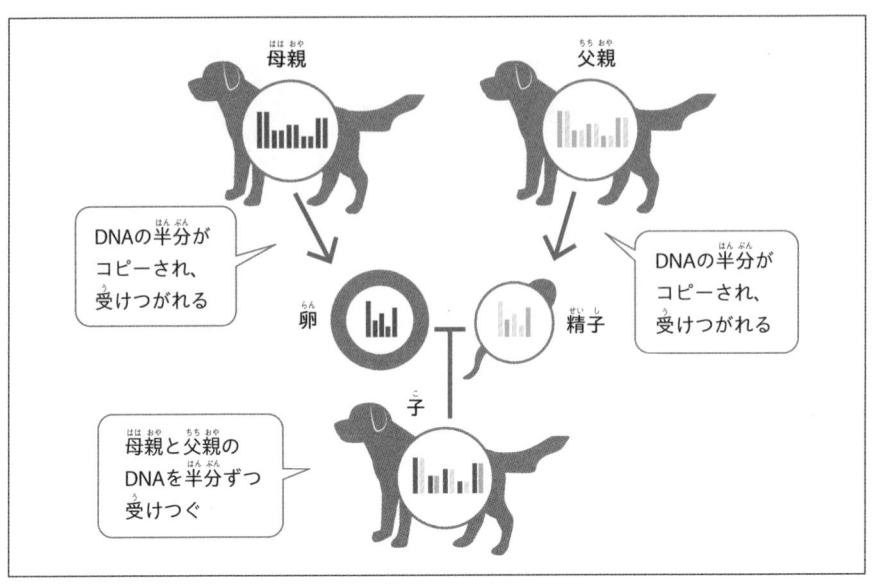

母親

父親

DNAの半分が
コピーされ、
受けつがれる

DNAの半分が
コピーされ、
受けつがれる

卵

精子

子

母親と父親の
DNAを半分ずつ
受けつぐ

同じ親でもきょうだいのDNAがちょっとちがう理由

　こうして生まれてきた子どもは、両親に似ることになります。でも、親とまったく同じ姿になることはありません。

　それは、ここまで見てきたように、子どもは両親からDNAのコピーを1セットずつ受けとるからです。「DNAを受けとる」ということは、「DNAのヌクレオチドのならび順を受けとる」、つまり「遺伝情報を受けとる」ということです。ですから、「子どもは両親から1/2ずつ遺伝情報を受けついでいる」といえます。つまり、子どもは、どちらの親とも1/2は同じだけれど、1/2は異なる遺伝情報をもっているのです。これが、子どもは両親のそれぞれに似ていても、まったく同じ姿になることがない理由です。

　一方、きょうだいが似ていながら少しちがうのは、同じ親から受けついだ

遺伝情報でもまったく同じにはならないことが一因です。

　では、きょうだいのあいだでは、親から受けついだ遺伝情報はどれくらい同じといえるのでしょうか？

 2人のきょうだいのあいだで、両親から受けついだ遺伝情報が同じ割合はどれくらいでしょう？

① $\frac{1}{4}$　　② $\frac{1}{2}$　　③ 1（すべて）

　きょうだいはそれぞれ母親、父親から遺伝情報を半分ずつ受けついでいます。遺伝情報を受けつぐとき、その半分がどのように選ばれるかは、偶然で決まります。

　母親から子Aが受けついだ遺伝情報は1/2、子Bが受けついだ遺伝情報も1/2。そして、子Aと子Bが共通して母親から受けついだ遺伝情報は半分の半分、1/4になります。

　そうなるしくみは、トランプのカードを使って説明できます。よく切ったトランプを2デッキ用意して、それぞれのデッキから半分ずつとり分け、それらをくらべると、とり分けられたカードのおおよそ半分が共通しているはずです。

　つまりトランプでも、もともと同じ中身だったところから2回別々に半分をとり分けると、半分の半分、つまり1/4が共通になり、きょうだいの遺伝情報と同じことが起きるのです。

　また、父親からも同じように1/4が共通で伝わるので、あわせて1/2がきょうだいのあいだで共通する遺伝情報になります。

　次のページの図で、この流れを説明してみます※。

 同じ両親から生まれたきょうだいでも、どの遺伝情報を受けつぐかはちがうんだね

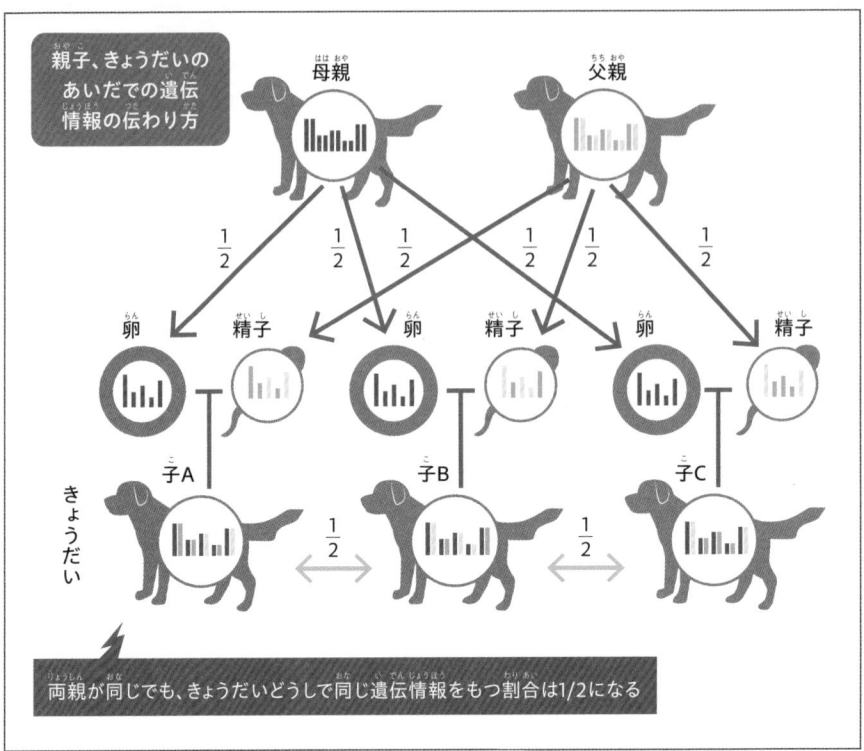

親子、きょうだいのあいだでの遺伝情報の伝わり方

母親

父親

$\frac{1}{2}$ $\frac{1}{2}$ $\frac{1}{2}$ $\frac{1}{2}$ $\frac{1}{2}$ $\frac{1}{2}$

卵　精子　　卵　精子　　卵　精子

きょうだい

子A $\frac{1}{2}$ 子B $\frac{1}{2}$ 子C

両親が同じでも、きょうだいどうしで同じ遺伝情報をもつ割合は1/2になる

※前に述べたように、DNAはいくつかの染色体に分かれて細胞内に存在しています。そして、母親からの1本目の染色体と父親からの1本目の染色体がペアをつくり、2本目以降も同様にペアになります。上の図では、ペアになった染色体のどちらか一方がまるごと卵や精子に入るように描かれています。実際には、相同組換えという現象によってペアになった染色体のあいだ（図の赤と青のペアのあいだ、緑と黄色のペアのあいだ）でシャッフルされてつぎはぎになった染色体が卵・精子に入ります。

　なお、一卵性双生児という種類のふたごの場合は例外です。一卵性双生児の場合、1つの受精卵から2人の子どもが生まれてきます。そのため、両親から受けとるDNAのコピーはまったく同じです。
　二卵性双生児といって、ふたごのそれぞれが、別の受精卵から生まれてくる場合もあります。そのときはふたごではないきょうだいとまったく同じように、共通している遺伝情報は1/2です。

QUIZ2 の答え ② 1/2。両親が同じきょうだいは、1/2の遺伝情報を共有している※。

※親から伝わる遺伝情報の選ばれ方により、1/2から多少ずれます。

特徴のばらつきを生み出すDNA

第3章では、もともと首の長いキリンと短いキリンがいた場合を例に、「自然選択というメカニズムによって、首の長いキリンの子孫が増える」という話をしました。

自然選択がはたらくためには、首の長さのように、集団内に遺伝する特徴のばらつきが必要です。では、この特徴のばらつきは、どこからやってくるのでしょうか?

実は、まれにDNAの遺伝情報が変わる突然変異が起こることがあるのです。ただ、こうした突然変異のすべてが子孫に伝わるわけではありません。たとえば、筋肉の細胞で起きた突然変異は、子孫に伝わりません。**卵や精子になる細胞で突然変異が生じたとき**だけ、突然変異が起きたDNAが子どもに受けつがれ、子孫に残る可能性があります※。

突然変異が起こると、どうなるのでしょう? 突然変異の影響は、「DNAのどこに、どのような変異が入るか」によってさまざまです。

たとえば、なにも影響がない突然変異もあります。一方、その生物の機能や形に影響する突然変異が起こることもあります。害のある突然変異が起こった場合には、そうした突然変異をもった個体は子孫を残しにくいために、自然選択によりとり除かれます。突然変異そのものは、たんなる偶然で起きるもので、その結果も偶然で決まります。変異だけで進化が起きていくわけではありません。

集団のなかの遺伝する特徴のばらつきは、過去の突然変異により生じた

ものです。これにより、第3章で説明した自然選択の過程が起きる準備が整い、自然選択によって進化が進んでいくのです。

　159ページで、2人の人間のもつDNAには約0.1%のちがいがあるという話をしました。この0.1%のちがいも、卵や精子になる細胞での突然変異によってDNAのヌクレオチドのならび方が変わったことで生じ、子孫に受けつがれてきたものです。

※動物の場合は卵や精子とそのほかの体をつくる細胞がはっきりと区別されていますが、植物では区別があまりはっきりしません。このため植物では、卵や精子にあたる細胞以外で起きた突然変異が子孫に伝わる場合があります。

 遺伝の話はむずかしいけど、おもしろいなー

 うん！　びっくりするくらいよくできたしくみだよね！
次の章でも遺伝の話が出てくるから、
わからなかったら、この章を読み直してみてね

DNA、遺伝子、染色体、ゲノムって？

「DNA」「遺伝子」「染色体」「ゲノム」という言葉は、日常的には、同じような意味で使われることがあります。実際には、以下のようにちがうものをさしています。

DNA　ヌクレオチドがつながってできた物質の化学的名称です。

遺伝子　DNAのなかの決まった領域のことで、物質ではなく、その領域の**ヌクレオチドのならび順がもつ情報**をさします。遺伝子の領域は、DNAからRNAに転写され、生物の機能を担います。多くの遺伝子では、転写されたRNAは、タンパク質に翻訳されることではたらきます（→157ページ）。一方で、転写されたRNAが翻訳されることなく、RNAのままで機能する遺伝子もあります。

染色体　多くの真核生物では、1つの細胞のなかのDNAは、何本にも分かれた状態で存在しています。このDNA1本1本に、いろいろなタンパク質がくっついたものを、染色体とよびます。ヒトの場合は、23本が2セットで合計46本の染色体をもっています。

ゲノム　生物をつくる**遺伝情報の全体**のことをさします。DNAのヌクレオチドのならび順で表現されますが、物質ではなく、それによってあらわされる遺伝情報に注目するときに使う言葉です。

クロオオアリの働きアリと女王アリ。
中央の大きな個体が女王アリで、まわりの小さな個体が働きアリ

第11章

協力の進化

どうして働きアリと女王アリは姿がちがうの?

第10章では、遺伝のしくみについて説明しました。遺伝のしくみを理解することで、働きアリのような、一見すると自分の子孫を残すことに有利ではなく、自然選択で説明するのがむずかしそうな生物の特徴についても、「なぜ、そのような進化をとげたのか」が理解しやすくなります。

※実際には、働きアリと女王アリの姿が似通っている種も多く存在します。

働きアリは
卵を産まないの？

そうだね
働きアリも全部
メスなんだけど、
基本は産まないね

え!!
働きアリって
みんなメスなんだ…！

でも働きアリは
女王アリのために
なんで
そこまでするの？

他人の手伝いも
いいけど、自分の子孫を
残せないなんて、

どうしてそんな進化が
起こったの？

アリみたいに、一部の個体だけが
子どもをつくって、のこりの個体は
手伝いにまわる生態を
「真社会性」というんだ

真社会性？
人間やライオン
みたいに
社会や群れをつくる
ってこと？

いや、それとは
ちがうものなんだよ

くわしく
話してみようか

第11章

どうして働きアリと女王アリは姿がちがうの？

多くの場合、女王アリは1つの巣にごく少数しかおらず、とにかく卵をたくさん産みます。一方で、働きアリはたくさんおり、巣づくりや狩り、女王アリが産んだ卵や幼虫の世話など、さまざまな仕事をしますが、基本的に卵は産みません。

このように、**一部の個体だけが子孫を残し、ほかの個体は自分の子孫を残さず手伝いにまわる生態**を真社会性とよびます。

あくまで役割がちがうだけで、女王アリと働きアリは同じ種のアリで、働きアリはみんな、その巣の女王アリの子どもです。これが、アリの社会の高度な協力関係の進化を理解するうえでとても重要です。

では、どうして働きアリは子どもを産まないのでしょうか？　第3章では、「たくさん子どもを残す、適応度の高い個体の子孫が未来に残っていく」という、自然選択の考え方を紹介しました。

子どもを産まない働きアリの存在は、自然選択と矛盾しているように感

クロオオアリ

じられますが、自然選択にはもう少し複雑な事情があります。そのことを理解するためのキーワードが「血縁選択」です。

いったいどういうことなのか、この章でくわしく見ていきましょう。

ANSWER

アリは真社会性で、役割分担が発達しているから。

172

真社会性？ なんだかむずかしそう

大丈夫！ ゆっくり説明していくよ

働きアリと女王アリの役割分担

　アリのあいだでどのような役割分担が発達しているのかを、くわしく見ていきましょう。前ページの写真は、日本でよく見られるアリであるクロオオアリです。写真の左側には大きな体の女王アリがいます。女王アリは巣のなかのすべての働きアリの母親で、ひたすら卵を産むという役割を果たします。クロオオアリの女王アリは１つの巣に１匹しかいませんが、アリの種によっては、１匹だけの場合も何匹かいる場合もあります。

　同じ写真で女王アリのまわりにいる小さなアリは、働きアリです。巣のなかや、まわりにたくさんいて、女王アリに食べ物を与えたり、巣を直したり、狩りをしたり、卵や幼虫の世話をしたりとさまざまな仕事をします。働きアリはすべてメスですが、基本的に子孫を残すことはありません。アリの種によっては、働きアリのなかでもさらに体の大きさやあごの強さなどで２つ以上のタイプに分かれている場合もあります。

　巣のなかでは次の世代の女王アリも生まれてきます。下の写真も同じくクロオオアリで、写真右側がこれから新しい巣の女王アリになるメスの羽アリです。翅で飛んで生まれた巣から旅立つと、左側の、同じく翅が生えたやや小さいオスのアリと交尾します。

　メスの羽アリは、交尾が終わると新しい巣をつくって卵を産み、その巣の女王アリとして暮らしはじめます。翅は、自分の新しい巣を掘りはじめるときに

クロオオアリの羽アリ。左がオス、右がメス（女王アリ）

とってしまいます。最初の写真（→168、172ページ）で見た女王アリに翅がなかったのは、このためです。一方で、オスは交尾をしたらすぐに死んでしまいます。

どうして働きアリは女王アリを助けるの？

生物の進化では、「子孫をたくさん残せた個体の特徴が、次の世代に引きつがれていく」という自然選択が重要です。

ですから、自分で子孫を残すよりも、ほかの個体の繁殖を助けることを優先する行動は、自然選択により消えていってしまいそうなものです。

しかし、ここまで見てきたように、アリたちは卵を産む女王アリと卵を産まない働きアリで役割を分けています。なぜこういった生態が進化したのでしょうか？　それを説明できるのが、血縁選択です。

第3章では、「自分の子どもを残せるか」だけを考えましたが、血縁選択では、「親やきょうだいなど、血のつながった個体が子どもを残していけるか」も考えます。**自分自身の子どもと、自分の血縁個体の子どもとをあわせて、より多くの子孫を残せるものが選択されていく**ということです。

たとえば、きょうだいを助ける場合を考えてみましょう。第10章で見たように、2倍体の生物では、きょうだいは遺伝情報を1/2共有しています。そこで血縁選択では、「自分の子ども1匹」と、「きょうだいの子ども2匹」は同等だと考えます。第3章の適応度の話では自分の子孫だけを考えました（これを直接適応度とよびます）が、きょうだいなどの子孫もふくめて考える適応度を包括適応度といいます。そして、この**包括適応度が上昇する場合には、真社会性のような特殊な生態が進化することがある**のです。

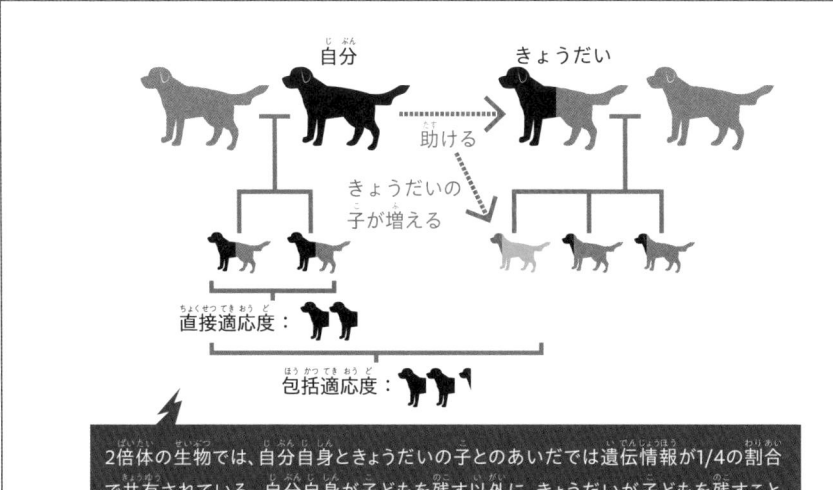

自分　きょうだい

助ける

きょうだいの
子が増える

直接適応度：

包括適応度：

> 2倍体の生物では、自分自身ときょうだいの子とのあいだでは遺伝情報が1/4の割合で共有されている。自分自身が子どもを残す以外に、きょうだいが子どもを残すことでも、自分の遺伝情報が未来に残る。きょうだいを助けることできょうだいの子どもが増えると（図のピンクの犬）、その分だけ包括適応度が上がる

　アリの場合は、働きアリが狩りをして食べ物をはこんできたり、巣の環境をととのえたりすることで女王アリを助けます。そのおかげで、次の世代の女王アリやオスのアリがたくさん育ちます。働きアリにとって、親である女王アリを助けるこの生態は、包括適応度を高め、進化の過程で将来に残っていきやすくなります。つまり、働きアリ自身が子どもを残さなくても、女王アリを助ける生態は、女王アリを介して次世代に伝わっていくのです。

アリやハチの「真社会性」のひみつ

　真社会性は、アリ以外にもたとえばハチにも見られ、女王バチと働きバチは、女王アリと働きアリと同じように役割分担をしています。アリやハチのなかまである膜翅目というグループでは真社会性はよく見られ、8回以

上も真社会性を獲得するという進化が別々に起こったと考えられています。一方で、膜翅目以外の生物では真社会性はあまり見られません。なぜ、アリやハチのなかまでだけ真社会性が多く見られるのでしょうか？

　真社会性の高度な役割分担を成り立たせるうえでのむずかしさは、働きアリ（働きバチ）なのに、自分自身の子孫を残すことを優先するという「裏切り」をする個体が突然変異であらわれたとき、裏切りをする個体ばかりになる危険があることです。ほかの働きアリはみんな、自分自身の子孫を残さず女王アリを助けているのに、ある1匹の働きアリが女王アリを助けずに自分で子どもを産みはじめると、その個体の子孫がどんどん増えていきそうなものです。そうなると、やがて女王アリのために働くアリはいなくなって、真社会性の集団は崩壊してしまいます。

　実は、膜翅目のDNAが次世代に受けつがれるしくみは特殊で、それが膜翅目で真社会性がよく見られる理由の1つだと考えられています。第10章では、「多くの生物は、設計図であるDNAを2セットもっている」という話をしました。しかし膜翅目では、メスは2セットのDNAをもっているのに対して、オスは1セットしかもっていません（これを半倍数性とよびます）。このとき、メスは両親から1セットずつDNAを受けつぎ、オスは母親のみから1セットのDNAを受けつぎます※1。このとき、父親がもつDNAは1セットしかないのできょうだいではかならず同じものを共有します。一方で、母親からくるDNAは2セットのうちどちらかになるので、メスのきょうだい間では3/4の遺伝情報を共有することになります。

　一方、働きアリが裏切って自分で子どもを産むと、自分の遺伝情報の1/2だけを伝えることになります。このため、**働きアリにとっては自分の子どもを1匹増やすよりも、女王を助けて、女王の子ども、つまり自分のきょうだいを1匹増やしたほうが包括適応度が高くなります**。裏切って自分で子どもを産んだ場合は包括適応度がかえって下がりやすく、損になってしまうのです。これが、アリやハチで真社会性がよく見られる理由だと考えられています。

　ただし、正確には、働きアリから見て、メスのきょうだいとは3/4の遺伝

情報を共有する一方で、オスのきょうだいとは1/4しか共有しません。女王アリの立場からすると、子どものオスとメスの比率は1：1[2]になるように進化するのが最適です。この場合、働きアリから見て、女王アリの子ども1匹あたり平均では1/2しか遺伝情報が伝わらず、女王を助けても得しないことになってしまいます。ここでは、働きアリの立場から得なオスとメスの比率（メスが多い）と、女王アリの立場から得たオスとメスの比率（1：1）が食いちがうという対立が起きています。

　膜翅目では、次世代の女王アリのほうがオスより多く、働きアリに得になる方向にかたよった状態が維持されている例が多く知られています。オスとメスの比率がメスにかたよる原因として、働きアリがオスの卵をこわす場合や、働きアリがオスだけを世話せずに死なせる場合があります。そのおかげで、働きアリにとっては女王アリを助けるほうが得な状況が維持されているのです[3]。

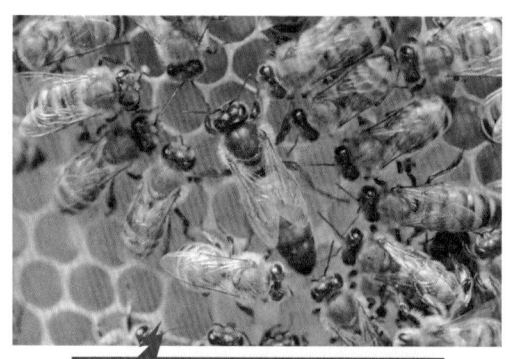

女王バチ（中央）とまわりにいる働きバチ

※1　膜翅目でもDNAを2セットもつオスが見られることもあります。
※2　第4章「オスとメスが生まれる割合が同じくらいなのはどうして？」も見てください（→73ページ）。
　　　ここでオスとメスの比率を考えるとき、繁殖して次世代を残す個体だけが関係するので、次世代のオスのアリと女王アリの比率が問題になります。働きアリは数えません。
※3　真社会性生物でも、半倍数性ではない場合もあります。たとえば、シロアリの働きアリは、アリとちがって、オスとメスの両方がいます。

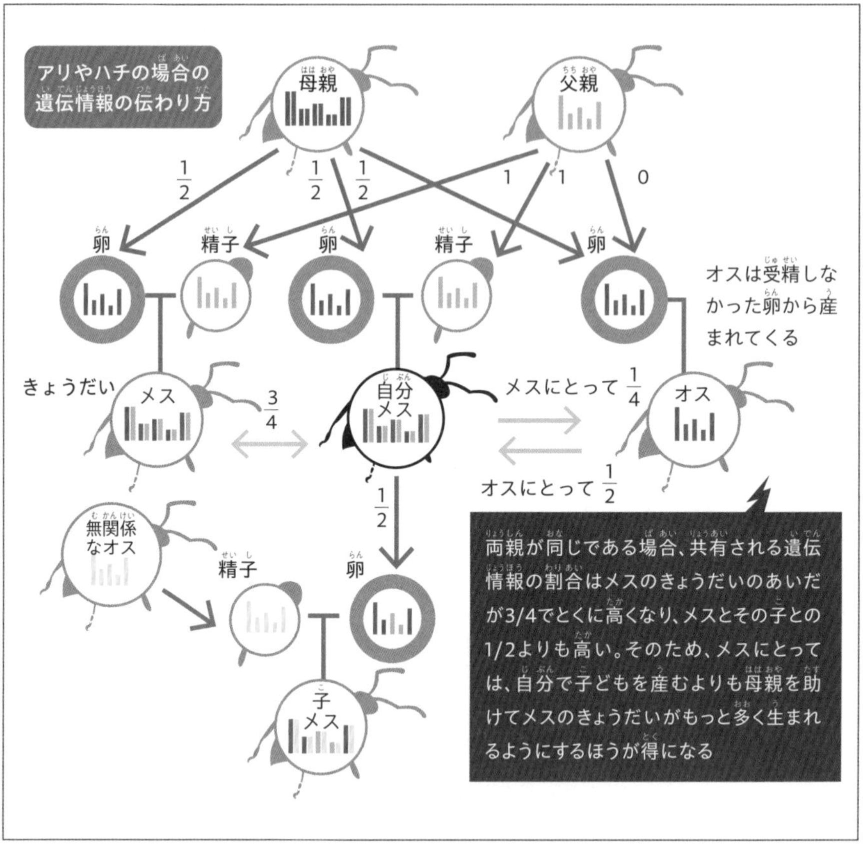

アリやハチの場合の
遺伝情報の伝わり方

母親　父親

$\frac{1}{2}$　$\frac{1}{2}$　$\frac{1}{2}$　1　1　0

卵　精子　卵　精子　卵

オスは受精しな
かった卵から産
まれてくる

きょうだい

メス　自分メス　オス

$\frac{3}{4}$　メスにとって $\frac{1}{4}$

オスにとって $\frac{1}{2}$

無関係
なオス

$\frac{1}{2}$

精子　卵

子メス

両親が同じである場合、共有される遺伝情報の割合はメスのきょうだいのあいだが3/4でとくに高くなり、メスとその子との1/2よりも高い。そのため、メスにとっては、自分で子どもを産むよりも母親を助けてメスのきょうだいがもっと多く生まれるようにするほうが得になる

アリやハチ以外にもいる
真社会性の生物

QUIZ1 －クイズ－
次のうち、真社会性の生物はどれでしょう?

① ライオン　② ハダカデバネズミ　③ ミナミメダカ

アリやハチは女王アリ・女王バチと働きアリ・働きバチがいて真社会性ですが、ほかにも真社会性の生物がいます。昆虫ではアザミウマのなかまやアブラムシのなかま、甲殻類ではテッポウエビのなかまにも真社会性の種がいることがわかっています。

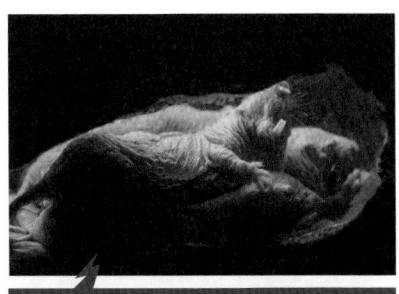
地下の巣穴で暮らす真社会性の哺乳類、ハダカデバネズミ

ハダカデバネズミは、地下に巣穴をつくり地上には出ることなく植物の根などを食べて暮らします。哺乳類ではめずらしい真社会性生物で、アリやハチと同じような役割分担をする集団をつくり、女王だけが子どもを産みます。女王は通常巣のなかに1匹だけいます。とても長生きすることでも有名で、28年以上生きたという記録もあります。

QUIZ1 の答え **②** ハダカデバネズミ。

動物が自分を犠牲にしてもなかまを助けるのはなぜ？

ここまで、血縁選択の考え方をすると、血のつながりのある個体を助ける生態は理解できるという話をしてきました。

では、そうでない場合はどうでしょう？　たとえば、シジュウカラの群れでは、天敵のトンビなど猛禽類がやってくると、気づいた個体が大きな声を出してまわりに知らせます。

でも、そんなことをする前に、まずは自分だけ逃げたほうがいいのではないでしょうか？　声を出したら目立って自分が見つかりやすくなってしまう

から、生存に不利なのではないでしょうか？

　シジュウカラの群れは直接の親子やきょうだいだけでできているわけではないので、血縁選択の考え方でも十分に説明できません。

　でも、実際にシジュウカラの群れではおたがいを助けているように見えます。なぜなのでしょう？　それに答える前に、まずは協力と裏切りのかけひきについて考えてみましょう。

QUIZ2 －クイズ－

　2人組のどろぼうAとBが逮捕され、別々に警察のとり調べを受けています。2人ともだまっていれば、軽い罪の証拠しかないので、2人とも懲役1年ですむことがわかっています。

　ところが、どちらかが自白すると、自白したほうは捜査に協力した見返りにすぐ釈放され、だまっていたほうは懲役5年になります。一方で、2人とも自白をすると、2人とも懲役3年になります。

　このとき、どろぼうにとって、なかまを裏切って自白するのと、自白しないでだまっているのとでは、どちらが得でしょう？

どろぼうB／どろぼうA	だまっている（協力する）	自白する（裏切る）
だまっている（協力する）	2人とも懲役1年	Bは釈放 Aは懲役5年
自白する（裏切る）	Aは釈放 Bは懲役5年	2人とも懲役3年

　最初に、なかまが自白せず、だまっていた場合を考えましょう。その場合は、自分が自白すればすぐに釈放されます。自分もだまっていたら懲役1年ですから、自白したほうが得ですね。

　次に、なかまがもし裏切って自白するとしたらどうでしょう？　もし自分

だけだまっていたら、懲役5年になってしまいます。自分も自白した場合は懲役3年なのでまだマシです。だから、この場合も自白したほうが得だということになります。2人とも自分にとってだけ得な選択肢を選べば、2人とも自白することになり、懲役3年になります。

　両方ともだまっていて懲役1年になるほうがおたがいにとって得なのに、それぞれが目の前でいちばん得な選択をすると、2人ともかえって損をすることがわかります。これは、囚人のジレンマという、経済学の一分野であるゲーム理論の問題ですが、生物学にも深く関係しています。

Quiz2 の答え なかまを裏切って自白するほうが得になる。

　大勢で協力して戦えば撃退できる天敵でも、集団のなかに裏切る個体が出てきてしまうとどうなるでしょうか?　ほかのみんなが戦っているあいだに、自分だけは裏切って逃げるほうが得だとすると、裏切る個体のほうがたくさんの子孫を残し、協力する個体は自然選択により消えていってしまいます。そうすると、やはり血縁関係がないと協力はできないのでしょうか?

　実は、**血縁関係がなくても協力したほうが得になる場合がある**ことが知られています。たとえば上の囚人のジレンマの例では、1回だけ協力するか裏切るかという話でしたが、これを何回もくりかえし、かつ相手が前回どんな行動をしたかを覚えていられるという条件では、いちばん得をするのは毎回裏切る戦略ではなく**しっぺがえし戦略**だという結果が、コンピュータ上のシミュレーションによって得られました。これは次のような戦略です。

①まずは協力し、相手が協力してきたらそのままおたがいに協力する。
②逆にもし相手が裏切り者だとわかったら、自分も裏切りに切り替える。

　実際の状況はこんなに単純ではないですし、生物がどのように協力しているかについてはまだわかっていないことも多いのですが、このようにほかの学問分野の考え方が、進化を理解するうえで助けとなることもあります。

epilogue

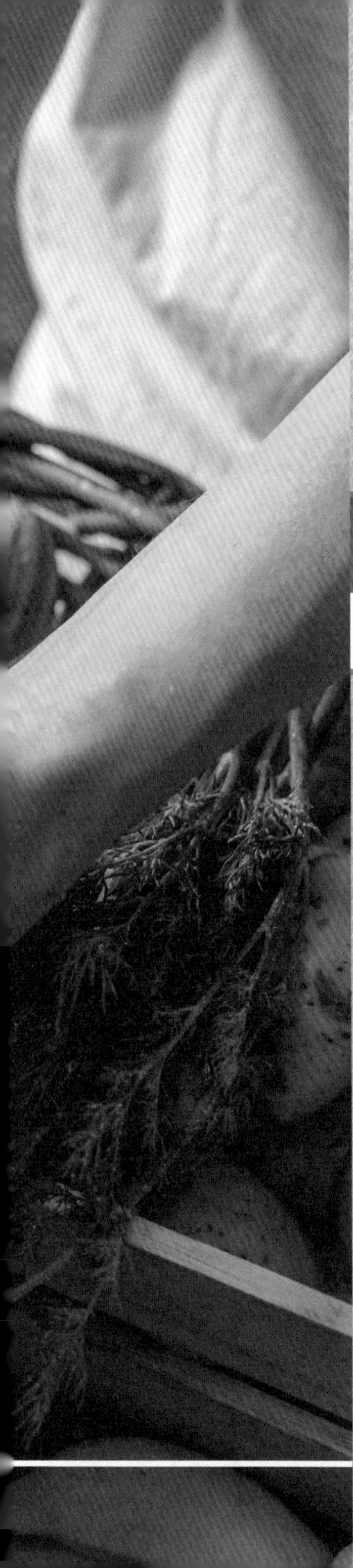

エピローグ

進化にふれる

進化を身近に感じよう!

この本を通じて、生物の進化についてさまざまなことを学んできました。わたしたちの身近にはたくさんの生物がいます。それらはすべて、今まで見てきたような進化を経てきたのです。そんな身近な進化の例を見ていきましょう。

いろいろありがとう！
おかげで生物について
たくさん知ることが
できたよ

こちらこそ！
わたしたちも楽しかったよ！

生物がどうして、こんなに
いろいろな姿形を
しているのか

それぞれの歴史があって
それぞれの生き方を
している…
とても愛おしくて
おもしろく感じられる
ようになったよ

ぼくたちも
生物の一種として
とてもうれしいな！

進化を身近に感じよう！

　この本では、進化についてたくさん学んできました。

　紹介した生物の多くは、日本にはいない生物や、なかなか目にする機会のない生物でした。そのため、この本の内容も、どこか遠いところで起きている話のように思えたかもしれません。しかし、身近な生物もみな進化という過程を経て形づくられたものなのです。

　遠い国や山奥に行かなくても、あるいは動物園や水族館でなくても、わたしたちのまわりにはたくさんの生物がいます。スーパーでも、近所の公園でも、さまざまな生物を見ることができます。

　エピローグでは、そんな生活のすぐ近くにある進化を紹介していきます。

スーパーや公園でも、進化にふれられるの？

そうだよ！　いっしょに出かけて進化を感じてみよう！

魚屋さんに行ってみよう

　身近にあって、たくさんの種類の生物を見ることができる場所。その1つが魚屋さんです。スーパーの鮮魚コーナーでもいいでしょう。

　魚屋さんには、いろいろな海の生物が陳列されています。魚にもさまざまな種があって多様な姿形をしていますが、よく見ると基本的な構造は同じで、大きく姿形がちがう2種でも、ひれやえら、目、口などそれぞれの

パーツは対応していることがわかります。一方、貝やエビは魚とはまったくちがった形をしています。

ちがう種の魚どうしで、ヒレなどの器官をくらべて、相同性（→第6章）に思いをはせてみましょう。今まで食べ物としか思っていなかった魚でも、生物としてじっくり観察してみることで、とてつもなく長い進化の歴史を感じることができるはずです。

魚屋さんにはいろいろな海の生物がならんでいる

魚屋さんで発見できる「カウンターシェーディング」

第5章で紹介したカウンターシェーディングは、背側が暗い色で腹側が明るい色という、海のなかで目立ちにくい配色です。

このような配色は収斂進化（→第5章）によってさまざまな海の動物に見られるものであり、魚屋さんに売られている魚にもよく見られます。カウンターシェーディングが見られる魚を探して、観察してみましょう。

マアジ。アジやイワシ、サバ、サンマなどのいわゆる青魚は、背側が青っぽい色、腹側が銀色をしている

横向きの魚、カレイを観察してみよう

　カレイは、体の左側を海底に向けて、横向きに寝そべったような姿勢で生活しています。それに対応して、ほかの魚では両側に1つずつある目が2つとも右側に寄っている変わった顔をしています。こんな変わった形をしていても、基本的な体のつくりは一般的な魚と同じです。

　魚屋さんで見かける魚の多くは硬骨魚類に属していますが、その多くは、次にあげるヒレをもっています。体の左右に1枚ずつある胸びれと腹びれ、体の正中線上についている背びれ、尻びれ、そして尾びれです。カレイにもこれらのヒレがあるので、どれがどのヒレかあててみましょう。

　それぞれのヒレはどんな形をしていて、ほかの魚とくらべてどういう特徴があるでしょうか？　そのちがいはカレイの泳ぎ方・生態とどのような関係がありそうでしょうか？　考えてみましょう。

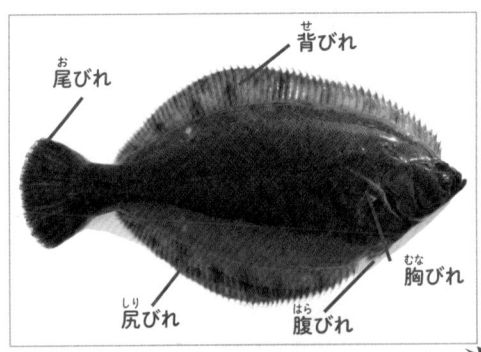

尾びれ

背びれ

胸びれ

尻びれ

腹びれ

尾びれ

背びれ

胸びれ

尻びれ

腹びれ

カレイ（上）とスズキ（下）。多くの硬骨魚類は、左右1枚ずつの胸びれと腹びれ、体の正中線上の尻びれ、尾びれ、背びれをもつ

スーパーの野菜売り場に行ってみよう

スーパーの野菜売り場に行くと、「イモ」という名前がついているものがいくつもあります。いろいろなイモをならべて、どんな共通点やちがう点があるのか、外見を観察してみてください。

見くらべてみると、どのイモも共通してふっくらとした見た目をしています。イモとよばれるものは基本的に地下部で発達する構造で、植物の体の一部が肥大化して栄養をたくわえたものなのです。

一方で、似たような見た目でも、イモをつくる植物が属するグループや、どの部位がイモになるかはイモの種類によって異なります。

たとえば、ジャガイモはナス科で、売られているイモの部分は「塊茎」といって、地下茎の一部が肥大化したものです。対してサツマイモはヒルガオ科で、売られているイモの部分は「塊根」といって、根の一部が肥大化したものです。

イモ（塊茎）
根
ジャガイモ

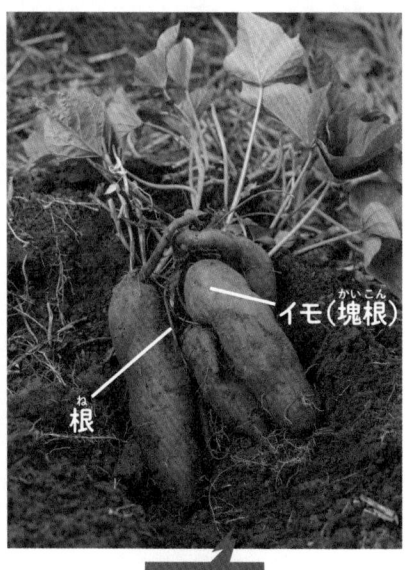

イモ（塊根）
根
サツマイモ

つまり、ジャガイモとサツマイモの「イモ」は相同ではありません。ジャガイモとサツマイモは、それぞれの進化の過程で、ちがう部位を発達させて、別々に「イモ」をつくるようになった収斂進化の具体例なのです。

ネコジャラシとアワをくらべよう

第9章では、エノコログサ（ネコジャラシ）とアワが近いなかまであることをとり上げました。ここでは、実際にエノコログサとアワをくらべて、どのようなちがいがあるか調べてみましょう。

エノコログサ　　　　　　　　　　　　　　アワ

準備するもの
- 小鳥のエサとして売られているアワの穂を買ってきましょう。
- タネ[※1]が十分に熟したエノコログサの穂をとってきましょう。
- 定規、秤、集めたタネをのせる皿を用意します。

観察の仕方
- エノコログサの穂のほうが見た目がふわふわしています。これは針状の毛が目立つためです。この毛はよく見るとアワにもあります。

- 穂の長さ、太さがどれくらいちがうか定規で測ってみましょう。アワのほうが穂は太く、長いです。その分１つの穂に多くのタネがついています。

- 穂からタネをとるときのとれやすさは、どうちがうでしょうか？　穂をふってタネがとれるかどうか、試してみましょう。エノコログサのほうが穂をふったときにタネが落ちやすいです。

- １つの穂からとれるタネの重さをくらべてみましょう。穂ごとに、とれたタネをすべて集めて皿にのせ、秤に置いて重さをはかります。アワのほうが１つの穂についているタネの総重量が大きいことがわかります。

※1　ここでタネとよんでいるものは、正確には穀粒です。エノコログサ、アワの種子は穀粒のなかにあります。

※2　エノコログサが十分に熟していなかった場合は、タネが落ちづらいかもしれません。

かくれている生物を探してみよう

　公園や河川敷の草むらなど、身近な場所にも擬態（→第8章）する生物がいます。探しに出かけてみましょう。

　シャクガ類のガの幼虫、いわゆるシャクトリムシには、植物の枝や新芽に擬態するものがいます。左下の写真の中央にはクワエダシャクの幼虫、右下の写真の中央にはカギシロスジアオシャクの幼虫がそれぞれかくれています。

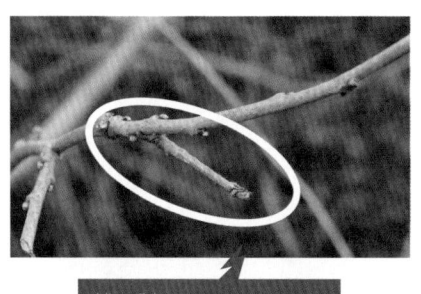

枝に擬態するクワエダシャク

新芽に擬態するカギシロスジアオシャク

草本に擬態するショウリョウバッタ

アリに擬態するヤサアリグモ

左上の写真の中央には、イネ科の草本に擬態したショウリョウバッタがかくれています。

左下の写真の生物はアリではなく、実はヤサアリグモというクモです。アリグモのなかまは体形がアリに似ているだけでなく、第1脚を触角のように浮かせて6本あしで歩くなど行動までアリそっくりです。アリは強力なあごやギ酸という毒をもち、小さな生物にとっては危険な存在です。アリグモのアリ擬態は、捕食をまぬがれることに役立つベイツ型擬態（→129ページ）だと考えられています。

このほかにも擬態をおこなう生物は身近なところにいます。図鑑で調べて探してみましょう。

ニワトリの手羽で
骨格標本をつくろう

第6章では、鳥の翼とヒトのうでが相同であることを紹介しました。ニワトリの手羽で翼の骨格標本をつくり、自分のうでとくらべてみましょう。

準備するもの

ニワトリの手羽以外は、すべて100円ショップで買うことができます。

- ニワトリの手羽（予備をふくめ2つ以上）
- 入れ歯洗浄剤
- ピンセット（先が細いもの）
- タッパー容器
- 歯ブラシ

- 美容用などの細いハサミ
- オキシドール
- キッチンペーパー
- ラップまたはアルミホイル
- 瞬間接着剤

骨格標本のつくり方

1. 手羽をゆでて、できるだけ肉が残らないように食べます。さらに弱火でゆで、骨のなかの脂をとり除きます。予備の手羽は関節をはずさず、冷凍庫で保管しておきます。

2. 骨をタッパー容器に入れて水に浸し、そこへ入れ歯洗浄剤を入れて1日置きます。やわらかくなった肉や靭帯、軟骨などをピンセットやハサミでとり除き、歯ブラシできれいにみがきます。

3. 骨をオキシドールに浸け、一晩たったら水ですすぎます。キッチンペーパーで水分をふきとり、ラップまたはアルミホイルの上で乾燥させます。

4. 冷凍保管していた予備の手羽を参考に、きれいにした骨を瞬間接着剤で組み立てれば完成です！

どんなことがわかるかな？

　左側の写真がニワトリの翼、右側がヒトのうでの骨格です。上腕骨、橈骨、尺骨がどこにあるのか、骨格標本を観察したり、自分のうでをさわったりして確かめてみましょう。ニワトリの翼とヒトのうででは、構成する骨がそれぞれ対応しており、相同であることがわかります。一方で、骨の形や相対的な大きさは異なっており、はたらきのちがいが反映されています。

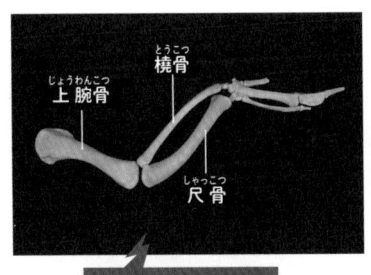

ニワトリの翼の骨格

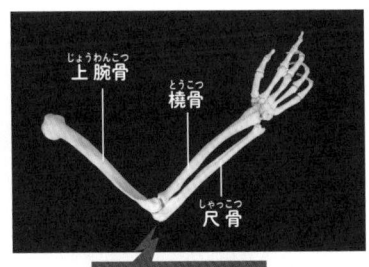

ヒトのうでの骨格

おわりに

　わたしたちの身のまわりには、たくさんの生物がいます。わたしたちヒトも生物ですし、電線にとまるスズメも、庭に生えるシロツメクサも、土のなかにもぐるミミズも、朝ごはんに食べたヨーグルトのなかの乳酸菌まで、すべてが生物です。

　これらの生物は、どの一種をとっても、とんでもなく精巧にできています。よく観察すれば、その生物がいかに精巧なしくみで効率的に生活しているかにおどろくことでしょう。

　ひとつだけをとっても「すごい」生物ですが、地球上には、さまざまな形のものが、とんでもない数、そこらじゅうにいるのです。

　では、そんな「すごい」生物たちは、どうやって生まれたのでしょうか? そう、だれかに設計されることもなく、生物のすごさを生み出したのが、進化なのです。

　「ゆるふわ生物学」は、人気ゲームの世界を生物学の観点から考察したり、ゲストの研究者にお話を聞いたりする動画を通じて、生物のすごさと、それを生み出した進化という現象のおもしろさを伝えてきました。

　一方、動画だけで進化生物学のエッセンスを正しくバランスよく伝えることには限界があります。進化生物学は比較的なじみやすい分野ですが、進化はとてつもなく長い時間をかけて起こることが多いので、その全貌を想像することはむずかしく、誤解されることが多いのも実情です。

　そこでわたしたちは、ちょっとした身近な疑問をスタートに解説することで、読者のみなさんに、「ゆるく」進化生物学のエッセンスを理解していただき、進化を身近に感じてもらうことを目的としてこの本を執筆しました。

　地球上の生物は、すべて進化の産物です。身のまわりのどの生物の、どんな生命現象も、すべて約40億年という気が遠くなるような長い年月

をかけて進化してきたものです。進化生物学の発展に大きな貢献をしたテオドシウス・ドブジャンスキー（遺伝学者・進化生物学者）は、「進化の光をあてなければ、生物学の何事も意味をなさない。(Nothing in biology makes sense except in the light of evolution.)」という言葉を残しています。この言葉がしめすように、生物に向きあうときには、つねに進化を意識しておく必要があります。

　この本を通じて、どんな生物でも、そのうしろには壮大な進化の歴史があるということを感じていただければと思っています。身のまわりの生物を見るときに、その生物がどんなしくみで、どんな進化をした結果、現在の姿形になったのかについて思いをはせることができるようになれば、日常生活がさらに楽しくなるのではないでしょうか。

　ナゾときの心もちでまわりの生物を見つめていれば、もしかしたら、みなさん自身が進化生物学の新発見をなしとげる日が来るかもしれません。

三上　智之（みかみん）
ゆるふわ生物学一同

著者プロフィール

三上　智之／みかみん

　1993年広島県広島市生まれ。国立科学博物館地学研究部。日本学術振興会特別研究員（PD）。第21回（2010年）および第22回国際生物学オリンピック（2011年）で銀メダルを獲得。東京大学理学部生物情報科学科を卒業後、東京大学大学院理学系研究科生物科学専攻で博士（理学）を取得。孫正義育英財団1期生。国際生物学オリンピック日本委員会委員。進化生物学と古生物学が専門で、アンモナイトやタリーモンスターなどさまざまな化石の研究をおこなっている。分担執筆に『あつまれ どうぶつの森 島の生きもの図鑑』（監修：伊藤弥寿彦、平沢達矢、宮崎佑介／講談社）。

栗原　沙織／まろんさん

　2010年に国際生物学オリンピックで金メダル、2011年に国際化学オリンピックで銀メダルを獲得。東京大学理学部生物情報科学科を卒業後、東京大学大学院理学系研究科生物科学専攻修士課程を修了。生物の形に惹かれ、生物情報科学的アプローチによる進化発生生物学の研究や、「右利きのヘビ」で知られるセダカヘビ類の形態測定を用いた研究を行った。

黒木　健／くろきん

　国際基督教大学教養学部アーツ・サイエンス学科卒業。東京大学大学院理学系研究科生物科学専攻で修士（理学）を取得（現在は博士課程在学中）。バイオインフォマティクス（生命情報科学）関連分野の研究をしている。ゲノム配列解析、機械学習、画像解析などから、直近では野外での植物表現型計測のためのドローンなどのセンシング技術も取り扱っている。基礎研究と応用研究、大学と民間などの垣根を越えた活動を模索している。株式会社Quantomics代表取締役。TOEIC990点。

坂本　莉沙／わけわかめ

　高校3年時に国際生物学オリンピックで銀メダルを獲得。生物学を極めるため、お茶の水女子大学理学部生物学科へ。生物の造形のおもしろさ、多様性に心惹かれ卒業研究では千葉県館山市にある臨海実験所に住み込みでウニの発生を研究した。その後、生物の形を研究するため東京大学大学院農学生命科学研究科へ進学し、博士号を取得。「作物外観の画像解析に基づく定量化とそのゲノムワイド多型との関連の研究」をテーマにゲノムデータと画像データを活用して品種改良を高度化・高速化する研究に携わった。

迫野　貴大／さこっち

　1994年山口県下関市生まれ。東京大学農学部を卒業後、東京大学大学院農学生命科学研究科応用動物科学専攻で博士（農学）を取得。専門は哺乳類の生殖内分泌で、繁殖抑制剤の開発をおこなっている。パワポお絵描き、骨格標本・剥製作り、昆虫食、沢登り、古文書解読など趣味が多い。大の両生類好きで、現在知られている国内のカエル52種類のうち50種類を野生下で観察。全編自筆イラストの著書『日本のカエル48偏愛図鑑：東大生・さこの君のフィールドノート』（河出書房新社）が全国学校図書館協議会選定図書に選ばれた。

まいん

　名古屋大学で理学を専攻。モデル生物のひとつである線虫の美しさ、研究材料としての素晴らしさに惚れ込み、卒業研究では線虫を用いて分子に関する研究を行った。発生生物学も好きで、研究室でアルバイトをしていたことがある。「ゆるふわ生物学」の動画編集に携わり、ライブの切り抜き動画から実写収録動画まで幅広く担当している。最近は植物同定について学べるノベルゲーム「ぶらんちゅ」「シダダン」を作成している。

宮本　通／ロッキー

　1995年千葉県船橋市生まれ。東京大学大学院理学系研究科附属植物園（小石川植物園）所属の博士課程大学院生。日本学術振興会特別研究員（DC1）。千葉大学を卒業後、東京大学大学院にて修士（理学）を取得。生物分類技能検定2級（植物）を保持。幼少期から生き物の図鑑を読みふけり、生き物の名前を言うことに人生の喜びを感じる生き物大好き人間。大学院ではさまざまな植物とその花に訪れる昆虫の共生関係についての研究をしている。学部生時代にドラム講師をしていた経験がある。日本語、中国語、英語の3カ国語を話すトライリンガル。

編集協力／渡辺稔大
校正／鈴木健一郎
本文デザイン・DTP・図版／次葉

【校閲ご協力】（五十音順）

青木 誠志郎／東京大学　　池田 貴史／京都産業大学　　石川 弘樹／東京大学

岩崎 渉／東京大学　　大塚 祐太　今野 直輝／東京大学

重田 康成／国立科学博物館　　清水 健太郎／チューリッヒ大学

杉山 太一／東京大学　　鈴木 大地／筑波大学　　鈴木 誉保／東京大学

深野 祐也／千葉大学　　福島 健児／ヴュルツブルク大学　　藤岡 春菜／岡山大学

船本 大智／東京農業大学　　細 将貴／早稲田大学　　松井 求／東京大学

三上 恭彦／広島県立広島国泰寺高等学校　　三中 信宏／東京農業大学

宮本 知英／東北大学　　山内 駿／東京大学　　山本 達紘／株式会社福音館書店

吉川 晟弘／鹿児島大学

ここからアクセスしてね！

【参考文献のご案内】

この本では、できるだけわかりやすく、かつ幅広く、生物の進化について説明してきました。しかし、進化の世界はとても奥深いので、この本では紹介できなかった内容や、説明を省いた点もたくさんあります。そこで、進化についてもっと学べるように、この本を執筆する際に参考にした本や教科書のリストをインターネット上で公開しました。この本が、みなさんの生物と進化への興味のきっかけになることを願っています。

https://qrtn.jp/tb2fei2

【著者】
ゆるふわ生物学（ゆるふわせいぶつがく）
人気YouTubeチャンネル「ゆるふわ生物学」を運営。生物学を、身近でおもしろいものに感じてもらおうと、日々いろいろなコンテンツを制作・発信している。2022年、「日本進化学会　教育啓発賞」受賞。YouTubeチャンネルでは、身近なゲームや遊びを通じて「生物学を学ぶと、世界が深く見える」という体験を提供したり、第一線で活躍する研究者とのコラボを通じて各分野の最新研究を伝えたりしている。

【編者】
三上　智之（みかみ　ともゆき）
国立科学博物館 日本学術振興会特別研究員PD。東京大学大学院理学系研究科生物科学専攻で博士（理学）を取得。国際生物学オリンピックで銀メダルを2回獲得。国際生物学オリンピック日本委員会委員。

【まんが・イラスト】
火種（ひだね）
映像クリエイター、イラストレーター。初音ミク、にじさんじ、ウォルピスカーターなど、インターネット出身アーティストのミュージックビデオやイラストなどを多数担当。生物学趣味が高じて、ゆるふわ生物学のキャラクターデザインを担当している。

ナゾとき「進化論」
クイズで読みとく生物のふしぎ

2023年7月21日　初版発行

著／ゆるふわ生物学
編／三上 智之

発行者／山下 直久

発行／株式会社KADOKAWA
〒102-8177　東京都千代田区富士見2-13-3
電話 0570-002-301（ナビダイヤル）

印刷所／図書印刷株式会社
製本所／図書印刷株式会社

©Yurufuwa Seibutsugaku 2023　Printed in Japan
ISBN 978-4-04-606023-5　C0045